全国优秀教材一等奖　 "十三五"职业教育国家规划教材

计算机网络技术专业

计算机网络技术基础

Jisuanji Wangluo Jishu Jichu

（第 2 版）

主编　张建文　刘向锋

U0210431

高等教育出版社·北京

内容简介

　　本书是"十三五"职业教育国家规划教材，依据教育部《中等职业学校计算机网络技术专业教学标准》和相关省市高等职业教育对口升学中计算机网络技术考试大纲，并参照网络相关行业标准编写。本书采用项目导向、任务驱动的教学模式，按照网络工程的实际流程展开，注重学生的能力培养，将计算机网络组建、管理和维护的基础知识融入各项目中，具有很强的实用性。

　　本书包括认识计算机网络、组建对等网络、组建小型办公网络、组建中型网络、安装配置常用网络服务、接入因特网、网络安全防护 7 个项目，每个项目由多个实际任务组成，项目后附有习题供学生巩固基础知识、进行练习使用。

　　本书有配套网络教学资源，使用本书封底所附的学习卡，登录 http://abook.hep.com.cn/sve，可获得相关资源。

　　本书适合作为中等职业学校计算机网络技术专业及其他相关专业的教材，也可以作为广大计算机工作者或爱好者的参考用书。

图书在版编目（ＣＩＰ）数据

　　计算机网络技术基础 / 张建文，刘向锋主编. -- 2版. -- 北京 ：高等教育出版社，2019.8（2023.12重印）
　　ISBN 978-7-04-052353-9

　　Ⅰ. ①计… Ⅱ. ①张… ②刘… Ⅲ. ①计算机网络-中等专业学校-教材 Ⅳ. ①TP393

　　中国版本图书馆CIP数据核字(2019)第162103号

策划编辑	陈　莉	责任编辑　陈　莉	封面设计　杨立新		版式设计　马敬茹	
插图绘制	于　博	责任校对　窦丽娜	责任印制　存　怡			

出版发行	高等教育出版社	网　　址	http://www.hep.edu.cn	
社　　址	北京市西城区德外大街 4 号		http://www.hep.com.cn	
邮政编码	100120	网上订购	http://www.hepmall.com.cn	
印　　刷	北京华联印刷有限公司		http://www.hepmall.com	
开　　本	787 mm×1092 mm　1/16		http://www.hepmall.cn	
印　　张	15.75	版　　次	2012 年 9 月第 1 版	
字　　数	390 千字		2019 年 8 月第 2 版	
购书热线	010-58581118	印　　次	2023 年 12 月第 7 次印刷	
咨询电话	400-810-0598	定　　价	33.60 元	

本书如有缺页、倒页、脱页等质量问题，请到所购图书销售部门联系调换
版权所有　侵权必究
物 料 号　52353-A0

第2版前言

本书是计算机网络技术专业的专业基础课程教材，依据教育部《中等职业学校计算机网络技术专业教学标准》和相关省市高等职业教育对口升学中计算机网络技术考试大纲，并参照网络技术的最新发展和相关行业标准，在第一版的基础上进行了修订。本书仍然采用项目导向、任务驱动的教学模式，按照网络工程的实际流程展开，注重学生的能力培养，将计算机网络组建、管理和维护的基础知识融入各项目中，具有很强的实用性。

计算机网络是当今计算机科学与工程中迅速发展的新兴技术之一，也是计算机应用中一个非常活跃的领域。目前，网络技术已广泛应用于办公自动化、企业管理与生产过程控制、金融与商业电子化、军事、科研、教育信息服务、医疗卫生等领域。计算机网络技术的不断发展，对职业院校计算机网络课程的教学也提出了新的挑战和要求。为了适应职业教育的发展，满足职业院校计算机网络基础课程的教学需要，我们编写了这本教材。

本书主要特点如下：

1. 以项目为导向，以任务为驱动。本书内容以具体项目为载体进行教学，每个项目又分解为若干个子任务。相关的知识点融于任务中，通过完成任务掌握相应的知识和操作。

2. 实用性强。书中的项目代表性强，并能与实际应用相结合，使学生能够学以致用。

3. 紧跟行业技术发展。计算机网络技术发展很快，因此我们在编写过程中，参照了行业、企业的最新应用技术，与企业紧密联系，使所有内容紧跟技术发展。

本书共包括7个项目，分别为认识计算机网络、组建对等网络、组建小型办公网络、组建中型网络、安装配置常用网络服务、接入因特网、网络安全防护，涵盖了计算机网络的类型、组成、网络工作原理、网络主流协议等基础知识，通过这些项目的学习，学生可以掌握局域网网络规划、线缆制作、网络配置、因特网接入、网络安全防护等知识与技能。每个项目由若干个符合学生认知规律的工作任务组成，学生只需要具备计算机的基础知识就可以在学习本书的同时进行实训，从而掌握计算机网络建设、管理和维护等方面的基本知识与技能。

本书参考学时为96学时，学时安排如下，以供参考：

学时安排（不包含期中、期末考试复习）

章节	总学时	理论课	实验课
项目1　认识计算机网络	12	8	4
项目2　组建对等网络	10	4	6
项目3　组建小型办公网络	16	6	10
项目4　组建中型网络	18	8	10

续表

章节	总学时	理论课	实验课
项目 5　安装配置常用网络服务	12	4	8
项目 6　接入因特网	12	4	8
项目 7　网络安全防护	16	6	10
合　　计	96	40	56

　　本书适合作为中等职业学校计算机网络技术专业及其他相关专业的教材，也可以作为广大计算机工作者或爱好者的参考用书。

　　本书有配套网络教学资源，使用本书封底所附的学习卡，登录 http：//abook.hep.com.cn/sve，可获得更多资源，详见书末"郑重声明"页。

　　本书由张建文、刘向锋负责组织修订和统稿。项目 1 由西安市机电职业技术学校张鹏编写，项目 2 和项目 3 由陕西国防工业职业技术学院刘向锋编写，项目 4 和项目 6 由陕西国防工业职业技术学院王瑾编写，项目 5 由咸阳市秦都职教中心魏领齐编写，项目 7 由陕西省教育科学研究院张建文编写。

　　由于编者水平有限，书中难免存在不妥和错漏之处，敬请读者批评指正。读者意见反馈邮箱：zz_dzyj@pub.hep.cn。

编　者

2019 年 5 月

第1版前言

本书是计算机网络技术专业教材，依据教育部《中等职业学校计算机网络技术专业教学标准》，并参照网络相关行业标准编写。

计算机网络是当今计算机科学与工程中迅速发展的新兴技术之一，也是计算机应用中一个非常活跃的领域。目前，网络技术已广泛应用于办公自动化、企业管理与生产过程控制、金融与商业电子化、军事、科研、教育信息服务、医疗卫生等领域。计算机网络技术的不断发展，对职业院校计算机网络教学也提出了新的挑战和要求。为了适应职业教育的发展，满足职业院校计算机网络基础教学的需要，我们编写了这本教材。

本书主要特点如下：

1. 以项目为导向，以任务为驱动。本书每个知识内容都以一个具体项目为载体进行教学，每个项目又分解为若干个子任务。相关的知识点融于任务中，通过完成任务掌握相应的知识和操作。

2. 实用性强。书中的项目代表性强，并能与实际应用相结合，使学生能够学以致用。

3. 紧跟行业技术发展。计算机网络技术发展很快，因此我们在编写过程中，参照了行业、企业的最新应用技术，与企业紧密联系，使所有内容紧跟技术发展。

本书共包括6个项目，分别为认识计算机网络、组建双机对等网络、组建小型办公网络、构建中型网络、接入互联网、网络安全防护，涵盖了计算机网络的类型、组成、网络工作原理、网络主流协议等基础知识，通过这些项目的学习，学生可以掌握局域网网络规划、线缆制作、网络配置、互联网接入、网络安全防护等知识与技能。每个项目由需要学生亲自动手完成的工作任务组成，学生只需要具备计算机的基础知识就可以在阅读本书的同时进行实训，从而掌握计算机网络建设、管理和维护等方面的基本知识和技能。

本书参考学时为96学时，学时安排如下，以供参考：

学时安排（不包含期中、期末考试复习）

章节	总学时	理论课	实验课
项目1 认识计算机网络	16	8	8
项目2 组建双机对等网络	8		8
项目3 组建小型办公网络	18	6	12
项目4 构建中型网络	18	8	10
项目5 接入互联网	18		18
项目6 网络安全防护	18	6	12
合　计	96	28	68

本书主要面向计算机网络技术的初学者，可以作为职业院校网络技术专业及其他相关专业的教材，也可供计算机网络技术爱好者和相关技术人员参考。

本书还配套学习卡网络教学资源，使用本书封底所赠的学习卡，登录 http://abook.hep.com.cn/sve，可获得更多资源，详见书末"郑重声明"页。

本书由张建文、张克负责组织和统稿。项目 1 由杜海军和韩鸣编写，项目 2 和项目 5 由张克编写，项目 3 由李颖云编写，项目 4 和项目 6 由康杨编写。在本书编写过程中，还得到了西安铁路职业技术学院滕勇、范新龙、董奇老师，抚顺市第一中等职业技术专业学校刘艳荣、金宏光老师的大力支持。本书由山东省教研室段欣老师进行了审阅，在此表示衷心感谢。

由于编者水平有限，书中难免存在不妥和错漏之处，敬请读者批评指正。读者意见反馈邮箱：zz_dzyj@pub.hep.cn。

编　者
2015 年 10 月

目　录

项目 1 | 认识计算机网络

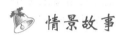 **情景故事**

　　小明特别喜欢上网，通过网络，他每天可以获取无数的信息，扩充自己的知识面，还可以和许多同学在网上沟通交流。并且他听说，现在移动互联网和物联网正在飞速发展。他非常想知道：这个神奇的网络世界是怎么构成的，如何看懂并绘制网络拓扑结构图呢？

◆ **项目说明**

　　本项目主要介绍计算机网络的基础知识，通过上网体验、讨论、填表、画图等活动，介绍计算机网络的定义、功能、应用、分类、发展趋势等知识。学生要掌握计算机网络的软、硬件组成，理解计算机网络体系结构，能看懂并绘制简单的网络拓扑结构图，能根据需求简单分析需要的网络类型，为今后的学习奠定基础。

◈ **学习目标**

1. 了解计算机网络的发展过程与发展趋势。
2. 熟悉计算机网络的定义、功能、分类、应用。
3. 理解计算机网络的类型和组成。
4. 认识计算机网络中的常见设备和传输介质。
5. 掌握计算机网络的拓扑结构、逻辑结构和网络体系结构等。

 任务 1
体验计算机网络

✿ **任务描述**

　　现在网络已经不再是一个新鲜的名词。根据中国互联网络信息中心（CNNIC）发布的第 42 次《中国互联网络发展状况统计报告》显示，截至 2018 年 12 月，我国网民规模达 8.29 亿，普及率为 59.6%。其中，手机网民规模已达 8.17 亿，网民通过手机接入互联网的比例高达 98.6%。事实上网络已经成为人们生活不可缺少的一部分，就像空气和水一样。随着我国互联网基础设施建设不断优化升级，提速降费政策稳步实施，推动移动互联网接入流量显著增长，网络信息服务朝着扩大网络覆盖范围、提升速度、降低费用的方向发展。出行、环保、金融、医疗、家电等行业与互联网融合程度加深，互联网服务呈现智慧化和精细化特点。本任务要求学生体验计算机网络的应用，熟悉计算机网络的功能。

任务分析

无论从地理范围，还是从网络规模来讲，互联网都是最大的一种网络。通过上网搜索《中国互联网络发展状况统计报告》，亲身体验移动互联网和物联网，将有助于提高同学们学习计算机网络知识的兴趣，更好地理解计算机网络的功能。

方法与步骤

1. 上网搜索，应用举例

上网查阅中国互联网络信息中心发布的最新一次《中国互联网络发展状况统计报告》，列举日常生活中与计算机网络相关的实例，填写表 1-1。

表 1-1　计算机网络应用实例

序号	计算机网络应用实例	
	亲身使用的实例	听过或见过的实例

2. 体验移动互联网

在各大应用市场中，各类应用层出不穷，2018 年上半年中国网民各类移动互联网应用使用率排名前五的如图 1-1 所示。移动互联网市场教育类应用也有很多，从日常学习到各类考试，内容覆盖方方面面，如"爱课程"APP 就是目前非常受欢迎的教育类应用，同学们可以在手机上搜索下载使用，感受移动互联网时代学习的高效和便捷。

3. 体验物联网

现在，物联网已经逐渐进入我们的生活，家居中体现得更为充分。

使用智能家居，回家前可以先点亮客厅的灯，让空气净化器提前开始工作以净化家中空气，甚至让热水器预备好热水。这些在科幻电影里出现的情节，现在都可以轻易做到。

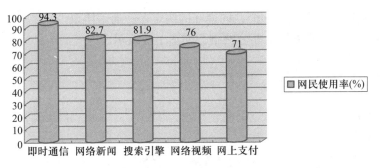

图 1-1　2018 年移动互联网应用使用率

4. 问题讨论

网络对日常生活的影响。

相关知识

1. 计算机网络的定义

关于计算机网络这一概念，从不同角度可能给出不同的定义。

从信息传输的角度来讲，计算机网络是以计算机之间传输信息为目的而连接起来、实现远程信息处理或资源共享的系统。

从资源共享的角度来讲，计算机网络是以相互共享资源（硬件、软件和数据）为目的连接起来，并且各自具备独立功能的计算机系统的集合体。

从用户的角度来讲，计算机网络是一个由网络操作系统自动管理用户任务所需的资源，从而使整个网络就像一个对用户透明的庞大的计算机系统。

对计算机网络一个比较通用的定义是：计算机网络利用通信线路将地理上分散的、具有独立功能的计算机系统和通信设备按不同的形式连接起来，以功能完善的网络软件及协议实现资源共享和信息传递。最简单的计算机网络由一条通信线缆连接两台计算机构成，如图 1-2 所示。

图 1-2　最简单的计算机网络示意图

计算机网络应具有以下要素：

① 至少拥有两台计算机。

② 使用传输介质和通信设备把若干台计算机连接在一起。

③ 把多台计算机连接在一起，形成一个网络，是为了资源共享。

④ 为了正确地通信，需要有一个共同遵守的约定——通信协议。

满足以上要素的典型网络就是办公网络，如图1-3所示。

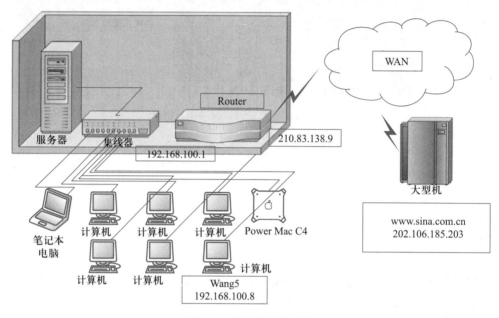

图1-3 典型的办公网络

2. 计算机网络的功能

（1）资源共享

资源共享是计算机网络的主要功能。网络中可共享的资源有硬件资源、软件资源和信息资源，如图1-4和图1-5所示。

图1-4 共享硬件设备   图1-5 共享软件、数据资源

由于网络中某些计算机及其外围设备价格昂贵，如巨型计算机、激光打印机、大容量磁盘等，采用计算机网络进行资源共享可以减少硬件设备的重复购置，从而提高设备的利用率。而软件共享则避免了软件的重复购置或开发，从而达到降低成本、提高效率的目的。数据也是一种非常有价值的资源，通过网络可以实现全网用户的共享，以提高信息的利用率，如数字图书

馆的应用就是数据资源共享的典型。

（2）通信

计算机网络为用户提供强有力的通信手段，如电子邮件 、远程文件传输、网上综合信息服务以及电子商务等，如图 1-6 所示。

利用计算机网络的数据通信功能，还可以对分散的对象进行实时地、集中地跟踪管理与监控，如管理信息系统（MIS）、计算机集成制造系统（CIMS）等。

此外，计算机网络还给科学家和工程师们提供了一个工作平台，在此基础上可以建立一种新型的合作方式——计算机支持协同工作（CSCW）。

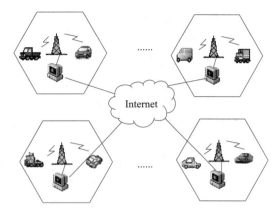

图 1-6 计算机网络通信功能示意图

（3）提高系统的可靠性

在一个单机系统中，某个部件或计算机产生故障时，必须通过替换的办法来维持系统的继续运行，否则系统便无法开展正常的工作。

而在计算机网络中，由于设备彼此相连，当一台机器出故障时，可以通过网络寻找其他机器来代替该机工作。同时每种资源可以存放在多个地点，用户可以通过多种路径来访问网内的某个资源，从而避免了单点失效对用户产生的影响。系统的可靠性可以得到大幅提高。

（4）分布处理

在计算机网络中，可以将某些大型处理任务分解为多个小型任务，分配给网络中的多台计算机分别处理，从而提高工作效率，如分布式数据库系统。

此外，利用计算机网络技术还可以把许多小型机或微型机连接成具有大型机处理能力的高性能计算机系统，使其具有解决复杂问题的能力，如网格计算、云计算等，如图 1-7 所示。

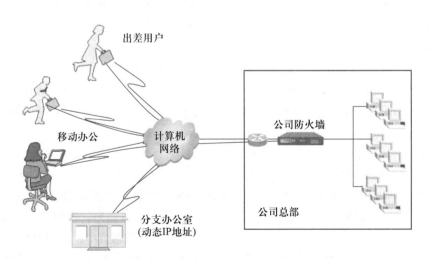

图 1-7 计算机网络分布处理示意图

（5）集中处理

对地理位置分散的组织和部门，可以通过计算机网络来实现数据和信息的集中处理，便于控制、全面协调、统一指挥。如数据库情报检索系统、交通运输部门的订票系统、军事指挥系统等。

（6）均衡负荷

单机的处理能力是有限的，并且由于种种原因（如时差），计算机之间的忙闲程度是不均匀的。从理论上讲，在同一网内的多台计算机可通过协同操作和并行处理来提高整个系统的处理能力，并使网内各计算机负载均衡，即当网络中某一台机器的处理负担过重时，可以将其作业转移到其他空闲的机器上去执行，从而提高系统的利用率，增加整个系统的可用性。

3. 移动互联网

移动互联网是移动通信和互联网融合的产物，继承了移动通信网络随时、随地、随身和互联网分享、开放、互动的优势，是整合二者优势的"升级版本"——即运营商提供无线接入，互联网企业提供各种成熟的应用。5G 时代的开启以及移动终端设备的不断升级必将为移动互联网的发展注入巨大的活力。

"5G"实际上指的是一个行业标准，即"第五代移动通信技术标准"。5G 是由"第三代合作伙伴计划组织"（3rd Generation Partnership Project，简称为 3GPP）负责制订的。3GPP 是一个标准化机构，目前其成员包括中国、欧洲、日本、韩国和北美的相关行业机构。5G 的好处体现在它有三大应用场景：增强型移动宽带、超可靠低时延和海量机器类通信。也就是说 5G 可以给用户带来更高的带宽速率、更低更可靠的时延和更大容量的网络连接。5G 的增强型移动宽带应用场景意味着会有更快的网速，5G 的网络速度有可能将是 4G 的百倍甚至更多，未来 5G 网络的峰值传输速率甚至可达到 20 Gbps。当然这还需要手机、平板电脑、存储设备等也支持这样的传输速率，实现起来还需要一定的时间。

国际电信联盟（ITU）列出了 5G 性能的几个关键指标：

① 不断线：手机在 5G 网络之间切换基站时，手机将不会中断通话或失去网络连接。5G 网络不存在通话中断与干扰。

② 低延迟：5G 手机延迟必须降低到 4 ms~1 ms。4G 网络最快的情况是延迟 50 ms。低延迟将大大提高增强现实的体验。

③ 省电：5G 网络将显著降低耗电量。

④ 移动性：5G 网络需保证在高铁等超高速移动中网络畅通。

5G 所带来的不仅是网速的提升，还会将无线通信应用到更多的地方，如智慧城市、智能家居、无人机、增强现实、虚拟现实、物联网等。5G 将给人们的生活带来更多的便利和乐趣。

4. 物联网

物联网是新一代信息技术的重要组成部分，也是信息化时代的重要发展阶段，其英文名称是"Internet of Things（IoT）"。顾名思义，物联网就是物物相连的互联网，有两层含义：其一，物联网的核心和基础仍然是互联网，是在互联网的基础上延伸和扩展的网络；其二，其用户端延伸和扩展到了任何物品与物品之间，进行信息交换和通信，也就是物物相息。物联网通过智能感知、识别技术与普适计算等通信感知技术，广泛应用于网络的融合中，也因此被称为继计算机、互联网之后世界信息产业发展的第三次浪潮。在本质上，物联网会造就一个"泛终端"时代，物联网的意义是一切物体都有可能成为终端，其实质是物与物、物与人的连接，如图 1-8 所示。

图 1-8 物联网的本质

在物联网应用中有三项关键技术。

（1）传感器技术

传感器技术是计算机应用中的关键技术。到目前为止，绝大部分计算机处理的都是数字信号。计算机需要传感器把模拟信号转换成数字信号才能处理。

（2）RFID 标签

RFID（Radio Frequency Identification，射频识别）是一种通信技术，也是一种传感器技术，RFID 融合了无线射频技术和嵌入式技术，RFID 在自动识别、物流管理领域有着广阔的应用前景。

（3）嵌入式系统技术

嵌入式系统技术是综合了计算机软硬件、传感器技术、集成电路技术、电子应用技术的一种复杂技术。经过几十年的演变，以嵌入式系统为特征的智能终端产品随处可见，小到人们身边的 MP3，大到航天航空的卫星系统。嵌入式系统正在改变着人们的生活，推动着工业生产以及国防工业的发展。如果把物联网比作人体，传感器相当于人的眼睛、鼻子、皮肤等感官，网络就是神经系统，用来传递信息，嵌入式系统则是人的大脑，在接收到信息后要进行分类处理。

任务 2
确定计算机网络类型

❀ 任务描述

体验到网络的便利，几个同学希望把宿舍里的几台计算机连接起来，组成一个简单的网络，你能结合网络发展趋势和他们的需求，给出建议吗？

本任务主要目标首先是了解计算机网络的产生、发展与未来趋势；其次是在组网之前，能选择一种合适的网络类型。

任务分析

本任务需要的设备主要有：若干台计算机和网络设备（交换机、路由器等）。

方法与步骤

1. 上网搜索

在计算机或手机上搜索计算机网络的形成、发展和未来趋势，回忆你所使用过的网络。

2. 学习知识

学习有关网络分类的知识，分析所在网络的类型。

3. 进行简单的需求分析

把你的方案建议填入表 1–2。

表 1–2　组建局域网需求分析

项目	内容
组网目的	
网络应用	
现有条件	
方案选择	

4. 方案示例

方案 1：如果宿舍同学的计算机有有线接口，为了提高网络的速度和可靠性，可以使用集线器或交换机将计算机连接起来，组成简单网络，如图 1–9 所示。

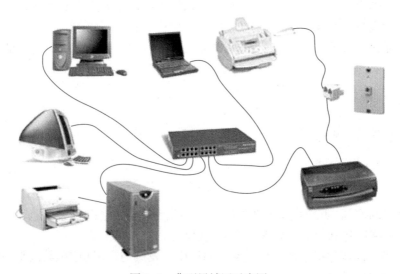

图 1–9　典型局域网示意图

方案 2：如果每台计算机都有无线接口，且为了消除"杂乱"的网线带来的烦恼，有没有更好的方法组成简单的办公网络？

 相关知识

1. 计算机网络的产生与发展

计算机网络仅有几十年的发展历史，但它经历了从简单到复杂、从低级到高级、从地区到全球的发展过程，其产生和发展可以概括为面向终端的计算机网络、计算机 – 计算机网络、开放式标准化网络及高速互联网络 4 个阶段。

（1）面向终端的计算机网络

20 世纪 50 年代中期到 60 年代中期，是计算机网络的"萌芽"阶段。早期的面向终端的计算机网络是以单个主机为中心的远程联机系统，多个终端通过通信线路共享昂贵的中心主机的硬件和软件资源。单台主机执行计算和通信任务，多台终端执行用户交互。但终端没有自主处理能力，还不能算真正的计算机网络。第一代计算机网络如图 1–10 所示。

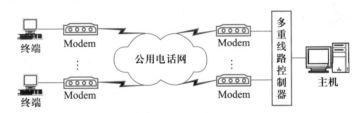

图 1–10　第一代计算机网络结构示意图

（2）计算机 – 计算机网络

面向终端的计算机网络的应用和发展带来的通信问题在 20 世纪 60 年代引发了通信机制的革命，最终导致了分组交换网络的出现。世界上第一个采用分组交换技术的计算机网络是 1969 年建成的 ARPANet，它是 Internet 的前身。

分组交换网的出现和成功，使计算机网络的概念和结构发生了根本变化。具有大量资源的主机系统（本身可能带有大量用户终端）可直接连接到网络结点上，使得网络中的数据通信和数据处理功能明显地区分开来，从此，出现了"资源子网"和"通信子网"的结构概念。第二代计算机网络如图 1–11 所示。

（3）开放式标准化网络

20 世纪 70 年代，各种商业网络纷纷建立，并提出了各自的网络体系结构。但这些不同机构各自研制开发的网络很难实现互连，也无法实现信息交换和资源共享。为此，国际标准化组织（ISO）成立了一个专门机构研究和开发新一代的计算机网络。并于 1984 年正式颁布了"开放系统互连参考模型"（OSI 参考模型），为不同厂商之间开发可互操作的网络部件提供了基本依据。从此，计算机网络进入了标准化时代。OSI 参考模型把网络分为 7 个层次，并规定计算机只能在对应层之间进行通信，大大简化了网络通信工作原理，是公认的新一代计算机网络体系结构的基础，为普及局域网奠定了基础。第三代计算机网络如图 1–12 所示。

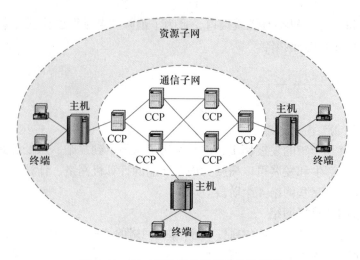

图 1-11 第二代计算机网络结构示意图

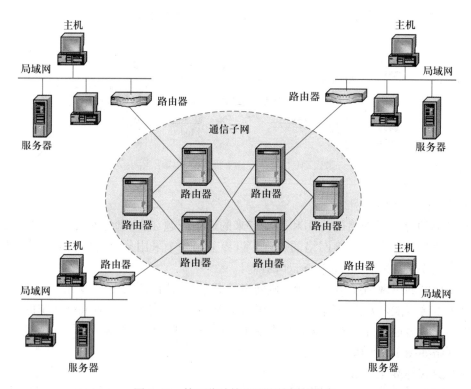

图 1-12 第三代计算机网络结构示意图

（4）高速互联网络

20 世纪 80 年代末，局域网技术发展成熟，出现了光纤及高速网络技术。整个网络就像一个对用户透明的、大的计算机系统。因特网（Internet）就是第四代计算机网络（高速互联网络）的典型代表。

随着网络应用需求的大幅度增加，计算机网络会继续由低速向高速、由共享到交换、由窄

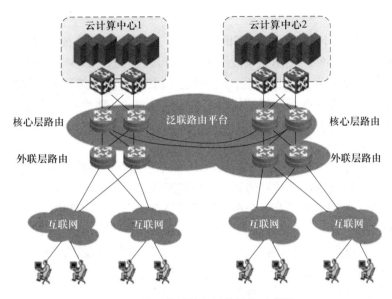

图 1–13　第四代计算机网络结构示意图

带向宽带发展。第四代计算机网络如图 1–13 所示。

2. 计算机网络发展的趋势

未来将是一个网络无处不在的世界，任何东西都可以进行网络互联，我们可以在能够达到的任何地方对我们想要了解的任何东西进行搜索和远程控制。未来网络通信的带宽将会是我们现在想象不到的，未来上网应该是不受时间、带宽等限制的。我们可以随心所欲，但不能为所欲为，那时候的控制机制应该更合理、更强大。

3. 计算机网络的分类

计算机网络是一个复杂的系统，研究的方向和目的不同，分类的角度也有所不同。计算机网络可以按照覆盖范围、传输介质、通信方式、用途、传输速率等不同标准进行分类。

（1）按网络覆盖地理范围分类

① 局域网（LAN）：通信范围一般被限制在中等规模的地理区域内（如一个实验室、一幢大楼、一个校园），它的特点是速度快，结构简单，便于实现。

② 城域网（MAN）：地理覆盖范围可达周边半径 100 千米，传输介质主要是光纤，既可用于专用网，又可用于公用网。

③ 广域网（WAN）：所涉及的范围可以为省、国家、全世界，其中最著名的就是因特网，它采用不规则的网状拓扑结构，属于公用网络。

（2）按传输介质分类

① 有线网：采用双绞线、同轴电缆或光纤连接的计算机网络。

同轴电缆是常见的一种传输介质，它比较经济，安装较为便利，传输速率和抗干扰能力一般，传输距离较短。双绞线是目前最常见的传输介质，它价格便宜，安装方便，但易受干扰，传输速率较低，传输距离比同轴电缆要短。光纤传输距离长，传输速率高，每秒可达数千兆位，抗干扰性强，不会受到电子监听设备的监听，是高安全性网络的理想选择，但其成本较高，且安装技术复杂。

②无线网：采用无线传输介质的计算机网络，结合了计算机网络技术和无线通信技术。

无线网是有线网的延伸。使用无线技术来发送和接收数据，减少了用户的连线需求。与有线网相比，无线网具有开发运营成本低，时间短，易扩展，受自然环境、地形及灾害影响小，组网灵活快捷等优点。无线网可实现"任何人在任何时间、任何地点，以任何方式与任何人通信"，弥补了传统有线网的不足。

（3）按通信方式分类

计算机网络必须通过通信信道完成数据传输，通信信道有广播信道和点到点信道两种类型，因此计算机网络也可以分为广播式网络和点到点式网络。

①广播式网络：在网络中只有一个单一的通信信道，由这个网络中所有的主机共享。

在广播式网络中，多个计算机连接到一条通信线路上的不同结点上，任意一个结点所发出的信息被其他所有结点接收。信息中包含一个地址范围，指明了该信息的目标接收者。一台机器收到了信息后，便进行地址范围的检查，如果该信息是发送给自己的，那么它就处理该信息，否则就忽略该信息。早期的局域网基本都是广播式网络。如图 1-14 所示为一个典型的广播式网络示意图。

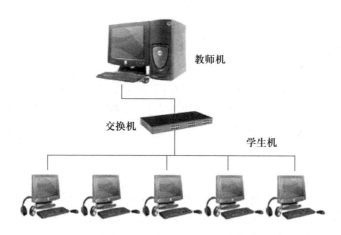

图 1-14　广播式网络示意图

②点到点式网络：由一对对机器之间的多条连接构成。

为了能从源地址到达目的地址，这种网络上的分组必须通过一台或多台中间机器，通常是多条路径，长度一般都不一样。因此，选择合理的路径十分重要。一般来说，规模较小、处于本地的网络采用广播方式，规模较大的网络采用点到点方式。

任务 3

描述计算机网络组成

❉ 任务描述

确定了计算机网络类型，并组建好宿舍的局域网后，这几个同学希望了解计算机网络的组成部分和体系结构，进一步学习计算机网络。

 任务分析

　　本任务要求了解计算机网络的软、硬件组成，正确理解 OSI 体系结构，并能简单说出网络体系结构和 OSI 参考模型的意义。

　　要实现本任务，几位同学需要进入能正常运行的网络实验室、机房或网络信息中心进行参观实践学习。

方法与步骤

　　1. 读一读

　　阅读如图 1-15 所示的局域网结构，并思考以下问题：

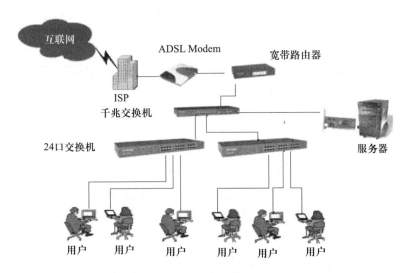

图 1-15　简单局域网示意图

　　① 该网络中用到哪些硬件？
　　② 该网络中用到哪些软件？
　　将你观察的结果填入表 1-3 中。

表 1-3　局域网软、硬件组成

项目	内容
网络中的硬件	
网络中的软件	
其他	

2. 想一想

该网络中哪些硬件和软件是必不可少的，哪些是可有可无的？

3. 观察

观察所在机房或网络实验室的网络，并说说该网络中用到了哪些硬件和软件。

相关知识

1. 计算机网络的组成

如同一台独立的计算机一样，计算机网络包括硬件系统和软件系统。

（1）网络硬件系统

网络硬件包括主机（又分为服务器和工作站）、网络设备和传输介质等。

① 服务器是网络的核心，是为网络提供共享资源的基本设备。

② 工作站（客户机）是网络用户入网操作的结点。

③ 网络设备是在网络通信过程中完成特定功能的通信部件。

④ 传输介质是通信中实际传送信息的载体，在网络中是连接发送方和接收方的物理通路。

（2）网络软件系统

计算机网络的软件是实现网络功能不可缺少的软件环境。根据软件的功能，可分为网络系统软件和网络应用软件两大类。网络系统软件要对全网资源进行管理，以实现整个系统的资源共享，并实现计算机之间的通信与同步。网络系统软件又包括网络操作系统、网络协议、通信控制软件和管理软件等。

常见的网络协议有 TCP/IP 协议、NetBEUI 协议、IPX/SPX 协议等。

网络操作系统是网络软件的核心，用于管理、调度、控制计算机网络的多种资源，目前常用的网络操作系统主要有 UNIX 系列、Windows 系列和 Linux 系列。

① UNIX 操作系统是一个强大的多用户、多任务操作系统，支持多种处理器架构，按照操作系统的分类，属于分时操作系统，最早由 KenThompson、Dennis Ritchie 和 Douglas McIlroy 于 1969 年在 AT&T 的贝尔实验室开发。

② Linux 操作系统是一套开放源代码、免费使用和自由传播的类 UNIX 操作系统，是一个基于 POSIX 和 UNIX 的多用户、多任务、支持多线程和多 CPU 的操作系统。它能运行主要的 UNIX 工具软件、应用程序和网络协议，支持 32 位和 64 位硬件，继承了 UNIX 以网络为核心的设计思想，是一个性能稳定的多用户网络操作系统。Linux 诞生于 1991 年，目前存在着许多不同的 Linux 版本，但它们都使用了 Linux 内核。Linux 可安装在各种计算机硬件设备中，如手机、平板电脑、路由器、视频游戏控制台、台式计算机、大型机和超级计算机。严格来讲，Linux 这个词本身只表示 Linux 内核，但实际上人们已经习惯了用 Linux 来形容整个基于 Linux 内核的操作系统。

Deepin 是一个汉化的 Linux 发行版，是一个基于 Linux 的操作系统，专注于使用者对日常办公、学习、生活和娱乐的操作体验的极致，适合笔记本电脑、桌面计算机和一体机，包含了常用的应用程序，如网页浏览器、幻灯片演示、文档编辑、电子表格、娱乐、声音和图片处理软件、即时通信软件等。

2. 网络体系结构

相互通信的两个计算机系统必须高度协调工作，而这种"协调"是相当复杂的。"分层"技术可将庞大而复杂的问题，转化为若干较小的局部问题，而这些较小的局部问题就比较易于研究和处理。

网络体系结构是为了完成计算机间的协同工作，把计算机间互连的功能划分成具有明确定义的层次，规定了同层次进程通信的协议及相邻层之间的接口服务。网络体系结构是网络各层及其协议的集合。网络分层结构如图 1-16 所示。

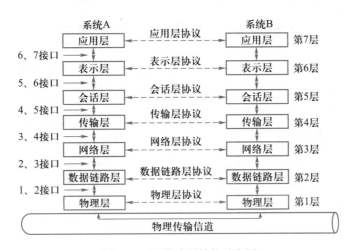

图 1-16　网络分层结构示意图

采用层次结构的目的是使各厂家在研制计算机网络系统时有一个共同遵守的标准。其好处是：

① 各层之间相互独立。高层并不需要知道低层是如何实现的，而仅需要知道该层通过层间接口所提供的服务。

② 灵活性好。由于各层独立，因此每层都可以选择最为合适的实现技术。各层实现技术的改变不会影响其他层，易于实现和维护。

③ 有利于标准化的实现。由于每一层都有明确的定义，即每层实现的功能和所提供的服务都很明确，因此十分利于标准化的实施。

网络体系结构对计算机网络需要实现的功能进行了精确的定义，而这些功能用什么样的硬件与软件去完成，则是具体的实现问题。因此，网络体系结构是一种抽象的描述，便于理解和研究，而实现是具体的，是指能够运行的硬件和软件。

3. OSI 参考模型

OSI（Open System Interconnection）参考模型称为开放系统互连参考模型，是一个逻辑上的定义，是一个规范，它把网络从逻辑上分为 7 层。每一层都有相对应的物理设备，如路由器、交换机。OSI 参考模型是一种框架性的设计方法，建立该模型的主要目的是为解决异种网络互连时所遇到的兼容性问题。其最主要的功能就是帮助不同类型的主机实现数据传输，通过层次化的结构模型使不同的系统、不同的网络之间实现可靠的通信。

一个系统无论位于世界上什么地方，只要遵循 OSI 标准，就可以和遵循这种标准的其他任何系统进行通信。

（1）OSI 参考模型的层次结构

OSI 参考模型共分 7 层，每层的基本功能、应用等见表 1-4。

表 1-4　OSI 参考模型层次结构

各层名称	功能	应用举例	传输单位	主要设备
第 7 层：应用层	处理应用程序之间的通信	Telnet、Word 文字处理软件等	应用层协议数据单元（APDU）	
第 6 层：表示层	确定数据的表示形式	编码形式，如 ASCII 码，图形格式 JPEG 等	表示层协议数据单元（PPDU）	
第 5 层：会话层	两端应用程序间建立连接或会话	数据库服务器与客户端通信	会话层协议数据单元（SPDU）	
第 4 层：传输层	为两端应用程序间提供通信	TCP、UDP、SPX	数据段（Segment）	
第 3 层：网络层	逻辑寻址和路径选择及逻辑路由	IP、IPX	数据包（Packet）	路由器、网关
第 2 层：数据链路层	物理寻址和对网卡的控制	IEEE 802.2/802.3	数据帧（Frame）	交换机、网桥
第 1 层：物理层	以二进制位流形式传输数据	EIS/TIA-232、V.35	比特流（Bit）	中继器、集线器

（2）OSI 参考模型中信息的传输过程

虽然 OSI 参考模型是一个逻辑上的抽象概念模型，但正确理解这种模型，有助于对现实网络的正确认识。OSI 参考模型中信息的传输过程如图 1-17 所示。

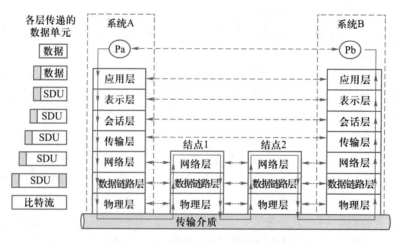

图 1-17　OSI 参考模型中信息的传输过程示意图

任务 4
认识计算机网络硬件

任务描述

了解了计算机网络的组成要素后，几位同学想进一步了解计算机网络中常见的硬件设备有哪些，并希望了解每种设备的基本功能。

任务分析

要实现本任务，几位同学需要进入能正常运行的网络实验室、机房或网络信息中心进行参观实践学习。

方法与步骤

1. 读一读

仔细阅读图 1-18，并思考：

① 图中有哪些网络硬件设备？

② 这些设备在网络中的作用是什么？

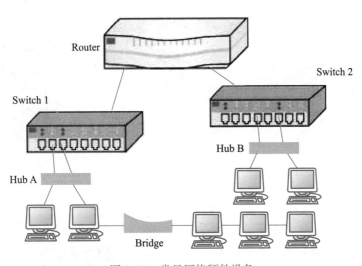

图 1-18　常见网络硬件设备

2. 观察

观察所在机房或网络实验室中用到了哪些网络设备，并查询资料，说说这些设备有什么功能。

相关知识

网络设备是在网络通信过程中完成特定功能的通信部件。常用的网络设备主要有网络适配器、集线器、交换机、路由器、网桥、防火墙等。

1. 网络适配器

网络适配器（Network Interface Card，NIC），也称网卡，是局域网的接入设备，也是单机与网络间的桥梁，是 OSI 参考模型中数据链路层和物理层的设备。

网卡的功能主要是读入由其他网络设备传输过来的数据帧，将其转变成客户机或服务器可以识别的数据，通过主板上的总线将数据传输到所需的设备中（CPU、RAM 或 Hard Driver）。同时，将计算机设备发送的数据封装后输送至其他网络设备中。

光纤以太网适配器，简称光纤网卡，主要应用于光纤以太网通信技术，光纤网卡能够为用户在快速以太网上的计算机提供可靠的光纤连接，特别适合于接入信息点的距离超出五类线接入距离（100 m）的场所，可取代普遍采用 RJ-45 接口的以太网外接光电转换器，为用户提供可靠的光纤到户和光纤到桌面的解决方案。

还有一种 BNC 接口网卡，这种接口网卡对应于用细同轴电缆为传输介质的以太网或令牌网中，这种接口类型的网卡较少见，主要因为用细同轴电缆作为传输介质的网络就比较少。

常见网卡如图 1-19 所示。

现在绝大多数计算机已经将网卡的功能集成为一块芯片，直接焊接在主板上。这样做的好处是成本低廉，使用方便，集成性比较高，拥有较高的实用性，能满足日常大部分应用的需求。

集成网卡如图 1-20 所示。

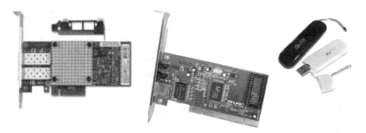

图 1-19　常见网卡

图 1-20　集成网卡

2. 集线器

集线器（Hub）的主要功能是对接收到的信号进行整形放大，以扩大网络的传输距离，同时把所有结点集中在以它为中心的结点上。它工作于 OSI 参考模型的物理层。常用的集线器通过双绞线与网络中计算机上的网卡相连，每个时刻只有两台计算机可以通信。利用集线器连接的局域网称为共享式局域网。集线器不具备信号的定向传送能力，目前已处于淘汰边缘。常见集线器如图 1-21 所示。

图 1-21　常见集线器

3. 交换机

交换机是一种用于电信号转发的网络设备。它可以为接入交换机的任意两个网络结点提供独享的信号通道，工作于 OSI 参考模型的数据链路层。

交换机的主要功能包括物理编址、网络拓扑结构、错误校验、数据流控制等。目前交换机还具备了一些新的功能，如对 VLAN（虚拟局域网）的支持、对链路汇聚的支持，甚至有的还具有防火墙的功能。

交换机除了能够连接同种类型的网络之外，还可以在不同类型的网络（如以太网和快速以太网）之间起到互连作用。如今许多交换机都能够提供支持快速以太网或 FDDI 等的高速连接端口，用于连接网络中的其他交换机或者为带宽占用量大的关键服务器提供附加带宽。常见交换机如图 1-22 所示。

图 1-22　常见交换机

4. 路由器

路由器是一种典型的网络层设备，用于连接多个逻辑上分开的网络。所谓逻辑网络，是指一个单独的网络或者一个子网。路由器负责两个网络之间转发数据包，并选择最佳路由线路。当数据从一个子网传输到另一个子网时，可通过路由器来完成。路由器具有判断网络地址和选择路径的功能，它能在多网络互连环境中建立灵活的连接，可用完全不同的数据分组和介质访问方法连接各种子网。路由器只接受源站或其他路由器的信息，而不关心各子网使用的硬件设备，但要求运行与网络层协议一致的软件。常见路由器如图 1-23 所示。

图 1-23　常见路由器

任务 5
认识常用网络传输介质

✿ **任务描述**

认识了计算机网络硬件后，几位同学想再认识并学习网络中有哪些常见的传输介质，进一步掌握这些传输介质的优缺点和使用场合。

✿ **任务分析**

要实现本任务，几位同学需要进入能正常运行的网络实验室、机房或网络信息中心进行参观实践学习。

✿ **方法与步骤**

1. 读一读

阅读图 1-24，看看该网络中用到哪些传输介质，并将观察的结果填入表 1-5 中。

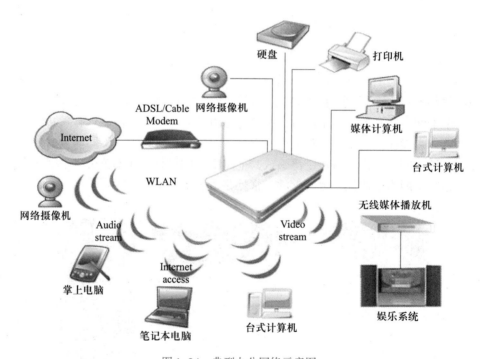

图 1-24　典型办公网络示意图

表 1-5　典型局域网传输介质

传输介质	名称	功能
介质 1		
介质 2		
介质 3		
其他介质		

2. 观察

观察所在机房或网络实验室的网络结构，看看用到了哪些传输介质。能不能换成其他传输介质？为什么？

 相关知识

传输介质就是通信中实际传送信息的载体，在网络中是连接收发双方的物理通路或信道。

计算机网络中采用的传输介质有两类：一类是有线的，一类是无线的。有线介质主要包括双绞线、同轴电缆和光纤；无线介质主要包括无线电波、微波、红外线、激光等。

1. 双绞线

双绞线是两条相互绝缘的导线缠绕在一起，使得外部的电磁干扰降到最低限度，以保护信息和数据。双绞线的广泛应用比同轴电缆要晚得多，但由于它提供了更高的性价比，而且组网方便易行，成为现在应用很广的传输介质。

双绞线分为非屏蔽双绞线（UTP）和屏蔽双绞线（STP）两大类。按照传输带宽又可以分为三类、四类、五类、超五类、六类、超六类和七类线。常见双绞线如图 1-25 所示。

图 1-25　常见双绞线

（1）屏蔽双绞线和非屏蔽双绞线

屏蔽双绞线的外护套再加上金属材料，可以减少辐射、防止信息窃听，性能优于非屏蔽双绞线，但价格较高。非屏蔽双绞线电缆外面只有一层绝缘皮，重量轻、易弯曲、易安装，非常适用于结构化布线，广泛用于以太网和电话线中。

（2）常见双绞线的结构

常见双绞线的结构及分析见表 1-6。

表 1-6　常见双绞线的结构

序号	构成元素	材质特点	原因说明
1	8 根导线	铜	导电性良好
2		每根外部有绝缘层	与其他导线分离和绝缘
3		8 种颜色	标记
4		分为 4 对，每对缠绕	减少电磁干扰
5	撕剥线	纤维	提高双绞线韧性，抗拉伸
6	保护层	外围保护层	保护线缆

（3）双绞线的类别和特性

双绞线的类别和特性见表 1-7。

表 1-7　双绞线的类别和特性

序号	名称	最高传输频率 /MHz	最高传输速率 /Mbps	应用
1	三类双绞线	16	10	基本淘汰
2	四类双绞线	20	16	令牌环网（现在减少）
3	五类双绞线	100	100	10/100 Base-T 语音数据传输
4	超五类双绞线	100	100	大多数应用
5	六类双绞线	250	200	全双工高速网络
6	七类双绞线	1 000	600	安全、高速网络

2. 同轴电缆

同轴电缆由里到外分为 4 层：铜芯、绝缘橡胶层、铜网屏蔽层和外皮保护层。同轴电缆由于铜芯和铜网屏蔽层为同轴关系而得名。铜芯和铜网屏蔽层形成电流回路，进行信息传输。同轴电缆结构如图 1-26 所示。

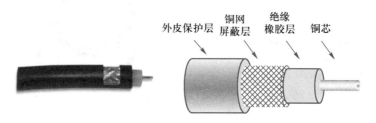

图 1-26　同轴电缆示意图

同轴电缆分为 50 Ω 基带电缆和 75 Ω 宽带电缆两类。基带电缆又可以分为细同轴电缆和粗同轴电缆。基带电缆仅仅用于数字传输，数据传输速率可达 10 Mbps。

同轴电缆的优点是可以在相对长的无中继器的线路上支持高带宽通信，而其缺点也是显而易见的：一是体积大，细缆的直径就有 5 mm，要占用电缆管道的大量空间；二是不能承受缠结、压力和严重的弯曲，这些都会损坏电缆结构，阻止信号的传输；三是成本较高。所有这些缺点正是双绞线能克服的，因此在现在的局域网环境中，同轴电缆已经基本被双绞线取代。

3. 光纤

光纤的芯线为光导纤维，用以实现光信号的传输。光纤的通信频带很宽，理论可达 3×10^9 MHz，传输距离可达一百多千米，不受电磁场和电磁辐射的影响，重量轻，体积小，光纤通信不带电，使用安全，可用于易燃、易爆场所，使用环境温度范围宽，使用寿命长。这些特点使得光纤成为目前计算机网络中常用的传输介质之一。

（1）光纤的结构

光纤由纤芯、包层和护套组成，如图 1-27 所示。每根光纤只能单向传送信号，因此若要实现双向通信，光缆中至少应包括两条独立的纤芯，一条发送，另一条接收。光纤两端的端头都是通过电烧烤或化学环氯工艺与光学接口连接在一起的。一根光缆可以包括二至数百根光纤，并用加强芯和填充物来提高机械强度。光束在光纤内传输，防磁防电，传输稳定，质量高。由于可见光的频率为 $3.9 \times 10^{14} \sim 8.6 \times 10^{14}$ Hz，使得光纤传输系统可使用的带宽范围极大，因此光纤多适用于高速网络和骨干网。

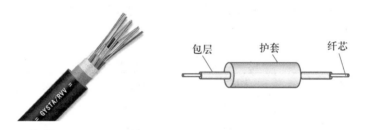

图 1-27　光纤及结构示意图

（2）光纤传输系统

光纤传输系统中的光源可以是发光二极管（LED）或注入式二极管（ILD），当光通过这些器件时发出光脉冲，光脉冲通过光缆传输信息，光脉冲出现表示为 1，不出现表示为 0。在光纤传输系统的两端都要有一个装置来完成电 / 光信号和光 / 电信号的转换，接收端将光信号转换成电信号时，要使用光电二极管（PIN）检波器或 APD 检波器。一个典型光纤传输系统的结构示意图如图 1-28 所示。

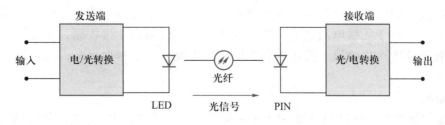

图 1-28　光纤传输系统结构示意图

（3）单模光纤和多模光纤

根据使用的光源和传输模式的不同，光纤分为单模和多模两种。如果光纤做得极细，纤芯的直径细到只有光的一个波长，这样光纤就成了一种波导管。这种情况下，光线不必经过多次反射式的传播，而是一直向前传播，这种光纤称为单模光纤。多模光纤的纤芯比单模光纤的粗，一旦光线到达光纤内发生全反射后，光信号就由多条入射角度不同的光线同时在一条光纤中传播，这种光纤称为多模光纤。光波在单模光纤和多模光纤中的传播，如图 1-29 所示。

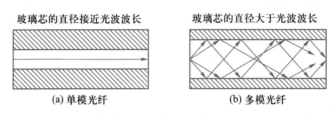

（a）单模光纤　　　　　　　　（b）多模光纤

图 1-29　光波在单模光纤和多模光纤中的传播

单模光纤性能很好，传输速率较高，在几十千米内能以几 **Gbps** 的速率传输数据，但其制作工艺比多模更难，成本较高。多模光纤成本较低，但性能比单模光纤差一些。单模光纤与多模光纤的比较见表 1-8。

表 1-8　单模光纤与多模光纤的比较

项目	单模光纤	多模光纤	项目	单模光纤	多模光纤
距离	长	短	信号衰减	小	大
数据传输速率	高	低	端接	较难	较易
光源	激光	发光二极管	造价	高	低

4. 无线传输介质

无线传输是指在空间中采用无线频段、红外线、激光等进行传输，不需要使用线缆传输。无线传输不受固定位置的限制，可以全方位实现三维立体通信和移动通信。目前主要的无线传输介质有无线电波、微波、红外线、激光等。

（1）无线电波

无线电波是指在自由空间（包括空气和真空）传播的射频频段的电磁波。无线电技术是通过无线电波传播声音或其他信号的技术。

无线电技术的原理是，导体中电流强弱的改变会产生无线电波。利用这一原理，通过调制可将信息加载于无线电波之上。当电波通过空间传播到达接收端，电波引起的电磁场变化又会在导体中产生电流。通过解调将信息从电流变化中提取出来，就达到了信息传递的目的。

（2）微波

微波是指频率为 300 MHz~300 GHz 的电磁波，是无线电波中一个有限频带的简称，即波长在 1 m（不含 1 m）~1 mm 之间的电磁波，是分米波、厘米波、毫米波的统称。微波频率比一般的无线电波频率高，通常也称为"超高频电磁波"。利用微波通信主要有地面微波通信和卫星微波通信两种方式，通信示意图如图 1-30 所示。

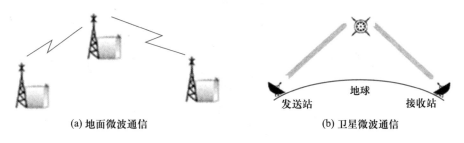

(a) 地面微波通信　　　　　　　　　(b) 卫星微波通信

图 1-30　微波通信示意图

（3）红外线

红外线是太阳光线中众多不可见光线中的一种。利用红外线传输有以下优点：一是不易被人发现和截获，保密性强；二是几乎不会受到人为干扰，抗干扰性强。此外，红外线通信机体积小、重量轻、结构简单、价格低廉，但是它必须在直视距离内通信，且传播受天气的影响。在不能架设有线线路，而使用无线电波通信又怕暴露的情况下，使用红外线通信是理想的选择。

任务 6
绘制计算机网络拓扑结构图

 任务描述

认识了计算机网络硬件和常用的网络传输介质后，几位同学想通过简单的网络拓扑结构图将自己组网所使用的网络硬件和网络传输介质连接起来，使网络结构一目了然。

任务分析

本任务要求我们能够正确阅读网络拓扑结构，并能够根据实例画出简单的网络拓扑结构图，熟练说出各种拓扑结构的优缺点和使用场合。

拓扑这个名词是从几何学中借用来的。网络拓扑结构是指用传输介质互连各种设备的物理布局或逻辑连接形式，即用什么方式把网络中的计算机等设备连接起来。Visio 是专业的矢量图绘制软件，可用来绘制网络拓扑结构图。

方法与步骤

1. 读一读

阅读图 1-31 所示的某局域网拓扑结构图，思考：

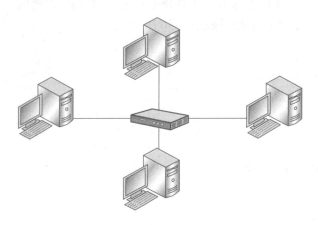

图 1-31 某局域网拓扑结构示意图

① 该网络属于哪种拓扑结构？
② 能不能用其他结构连接这几台计算机，为什么？

2. 画一画

使用 Visio 绘制基本网络拓扑图。

① 启动 Visio，在众多模板中选择"网络"模板，如图 1-32 所示。

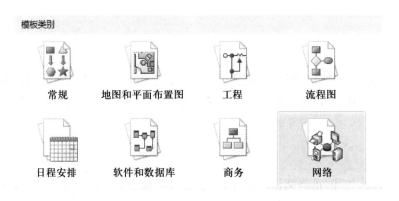

图 1-32 模板类别

② 在"网络"模板中选择"基本网络图"，如图 1-33 所示。

③ 双击"基本网络图"或单击"创建"按钮，即可进入绘图界面。单击界面左侧的设备图标，并将选定的设备图标拖至绘图区，如图 1-34 所示。

④ 用折线连接设备，即可完成基本网络拓扑结构图的绘制，如图 1-35 所示。

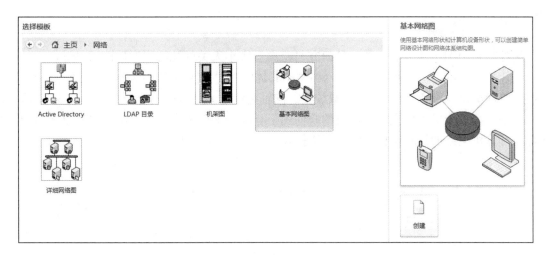

图 1-33 基本网络图

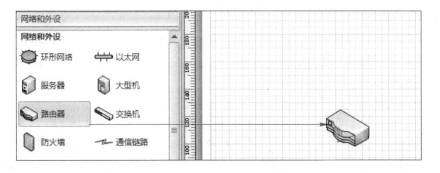

图 1-34 绘图区示意图

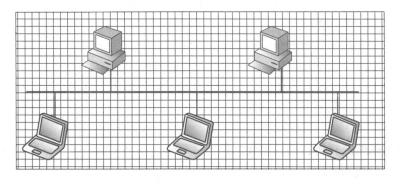

图 1-35 家庭网络图

🔑 相关知识

拓扑学是由图论演变而来的一种研究与距离、大小无关的几何图形特性的科学。

采用拓扑学的方法，忽略计算机网络中的具体设备，把网络中的服务器、工作站、交换机、路由器等网络单元抽象为"点"，把双绞线、同轴电缆、光纤等传输介质抽象为"线"，这样计算机网络系统就变成了由点和线组成的几何图形。我们把这种采用拓扑学方法抽象出的网络结构称为计算机网络的拓扑结构。常见网络拓扑结构如图 1-36 所示。

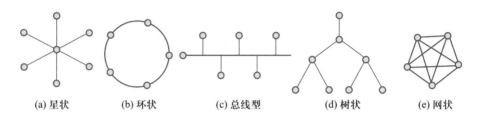

(a) 星状　　　(b) 环状　　　(c) 总线型　　　(d) 树状　　　(e) 网状

图 1-36　常见网络拓扑结构示意图

1. 星状拓扑结构

每一台入网计算机都通过单一的通信线路与中心交换结点直接相连，中心交换结点是唯一的转接结点。其他任何两个结点之间不能直接通信，它们之间的通信必须通过中心交换结点转发。星状拓扑结构如图 1-36（a）所示。

星状拓扑结构具有一定的集中控制功能，常用于局域网中。

优点：结构简单，建网容易且易于管理，控制相对简单。

缺点：采用集中控制，中心交换结点的处理负担过重，当其发生故障时会导致全网瘫痪，可靠性差。另外，每一结点均通过专用线路与中心结点相连，线路利用率较低，信道容量浪费严重。

2. 环状拓扑结构

将入网计算机通过通信线路串接起来，形成一个闭合的环。在环状网络中，线路是共用的，数据一般按固定方向单向传输，每个收到数据包的结点都向它的下游结点转发该数据包。环状拓扑结构如图 1-36（b）所示。

环状拓扑结构多用于局域网中。

优点：传输控制机制较为简单，网络的最大传输时延固定，实时性强。

缺点：可靠性差，当环上的一个结点出现故障时就会终止全网的运行。在某些网络中，为了克服可靠性差的问题采用了双环结构。

3. 总线型拓扑结构

通过一条通信线路将所有的入网计算机连接起来，从而形成一条共享的信道，这条共享信道就称为总线。总线型拓扑结构如图 1-36（c）所示。

总线型拓扑结构是局域网中经常使用的一种拓扑结构。

优点：结构简单，信道利用率高，价格便宜，安装容易，扩展方便。

缺点：一个时刻只能有一个结点发送数据，网络的延伸距离以及网络所能容纳的总结点数受到限制，并且总线上只要有一个结点出现连接故障，就可能会影响整个网络的正常运行。

4. 树状拓扑结构

树状拓扑结构是星状拓扑结构的一种变形，采用了分层结构。在树状拓扑结构中，除了最下层叶子结点之外的所有根结点和子树结点都是转接结点，可以为其他结点转发数据。树状拓扑结构如图 1-36（d）所示。

树状拓扑结构在局域网和广域网中均有使用。

优点：与星状拓扑结构相比，节省了通信线路，降低了建网成本，提高了可扩展性。

缺点：网络较为复杂；对高层结点和链路的可靠性要求较高，一旦出现故障，将影响到其所在支路网络的正常工作。

5. 网状拓扑结构

网状拓扑结构又称为分布式结构，由分布在不同地点并且具有多个终端的结点机相互连接而成。网状拓扑结构如图 1-36（e）所示。

网状拓扑结构又分为全连接网状结构和不完全连接网状结构两种形式。全连接网状结构是指每一个结点与网中的其他结点均通过通信线路连接；不完全连接网状结构指的是两个结点之间不一定有直接通信线路连接，它们之间的通信需要通过其他结点转接。图 1-36（e）所示的结构就是一种全连接网状结构。

网状拓扑结构一般用于广域网中。

优点：结点之间存在多条路径，碰撞或阻塞的可能性大大减少，局部的故障不会影响整个网络的正常工作，可靠性高，网络扩充比较方便，主机入网比较灵活。

缺点：网络控制机制比较复杂，线路增多使建网成本增加。

6. 混合型拓扑结构

混合型拓扑结构是前面两种或两种以上拓扑结构的组合。在实际组网中经常使用的一种混合型拓扑结构是将网状拓扑结构与树状或星状拓扑结构组合起来。

思考与练习

一、填空题

1. 20 世纪 50 年代中后期，许多系统都将地理上分散的多个终端通过通信线路连接到一台中心计算机上，这就是_____。这一时期计算机网络的定义为"以_____为目的而连接起来，实现_____或_____的系统"。

2. 第二代计算机网络以多个主机通过通信线路互连起来，为用户提供服务，兴起于 20 世纪 60 年代后期，其典型代表是由美国国防部高级研究计划局协助开发的_____。主机间通信时对传送信息内容的理解，信息表示形式以及各种情况下的应答信号都必须遵守一个共同的约定，称为_____。

3. ISO 在 1984 年颁布了 OSI/RM，该模型称为_____，公认为计算机网络体系结构的基础。

4. 资源共享是计算机网络的主要功能。网络中可共享的资源有_____、_____和_____。

5. 按照网络覆盖范围分类，可以将计算机网络分为_____、_____和_____。

6. 按照通信介质分类，可以将计算机网络分为_____和_____。

7. Visio 是专业的_____图绘制软件，可用来绘制_____。

8. 常见的网络拓扑结构包括_____、_____、_____、_____和_____。

二、选择题

1. 规模最小的计算机网络至少拥有（   ）台以上的计算机。

    A. 1　　　　　　　　B. 2　　　　　　　　C. 3　　　　　　　　D. 4

2. 两台计算机需要共同遵守一个约定或标准（   ），保证它们之间的正常通信。

    A. 通信合同　　　　B. 通信协议　　　　C. 通信设备　　　　D. 通信介质

3. 下面不属于网络操作系统的是（   ）。

    A. UNIX 系列　　　B. Windows 系列　　　C. Linux 系列　　　D. DOS 系列

4. 数据信息在物理层的传输单位是（   ）。

    A. 数据段　　　　　B. 数据包　　　　　C. 数据帧　　　　　D. 比特

5. 数据信息在数据链路层的传输单位是（   ）。

    A. 数据段　　　　　B. 数据包　　　　　C. 数据帧　　　　　D. 比特

三、问答题

1. 简述计算机网络的功能。

2. 请你描述一下计算机网络的未来前景。

3. 与有线网络相比，无线网络最大的优势是什么？

4. 一个完整的计算机网络包含的硬件有哪些？

5. 简述局域网的特点。

6. 简述你对移动互联网的理解。

7. 说说物联网的应用领域。

8. 简述常见的网络拓扑结构的优缺点。

项目 2

组建对等网络

 情景故事

　　小王同学家里有两台计算机，平时经常需要在两台计算机之间传递一些文件，在没有网络的条件下，非常不方便。于是小王同学想将这两台计算机通过网络连接起来，一来可以传送资料，二来还可以玩一些局域网游戏。但是小王家里没有现成的网络，仅仅为连接两台计算机去购买交换机等设备来组建一个局域网的成本太高，而且很麻烦。有没有简单易行的方法，能让两台计算机很轻松地连接在一起呢？

◆ 项目说明

　　本项目完成一个最小网络的设计和实现。通过本项目的学习，一方面能够完成双机互连对等网络的连接和连通性测试，另一方面能够了解计算机接入网络所需的基本软硬件配置。

◇ 学习目标

> 1. 学会制作双绞线。
> 2. 能够安装网卡和配置网络协议。
> 3. 学会组建双机对等网络。
> 4. 能够实现网络资源的共享。

 任务 1
组建双机对等网络的准备

❋ 任务描述

　　双机对等网络是一种最简单的网络结构，整个网络由两台计算机和网络传输介质组成。在没有网络设备的情况下将两台计算机连接起来，一般采用交叉双绞线来连接，计算机还需要做一些设置。

任务分析

由于双机对等网络没有服务器和客户端之分，所以不必安装 Windows Server 或 Linux 等服务器操作系统。每台计算机只要安装桌面操作系统 Windows 7 或 Windows 10 即可。

需要准备的硬件主要有交叉双绞线和网卡。

方法与步骤

1. 安装操作系统

如果需要连接网络的计算机没有安装操作系统，可以使用 Windows 7 或 Windows 10 操作系统光盘进行安装。

2. 安装网卡

计算机使用的网卡有多种类型，不同类型网卡的安装方法有所不同，以目前常见的 PCI 总线接口的以太网卡为例，基本安装步骤如下：

① 关闭主机电源，拔下电源插头。

② 打开机箱后盖，在主板上找一个空闲的 PCI 插槽，卸下相应的防尘片，保存好螺钉。

③ 将网卡对准插槽向下压入插槽中，如图 2-1 所示。

④ 用卸下的螺钉固定网卡的金属挡板，安装机箱后盖。

⑤ 将双绞线跳线上的 RJ-45 接头插入到网卡背板的 RJ-45 端口，如果通电且正常安装，网卡上相应指示灯会亮。

图 2-1 安装网卡

3. 安装网卡驱动程序

在机箱中安装好网卡后，重新启动计算机，系统自动检测新增加的硬件。

方法 1：插入网卡驱动程序光盘（如果是从网络下载到硬盘的安装文件应指明其路径），将光盘挂载到光驱，双击安装。

方法 2：通过"控制面板"中的"设备和打印机"选项，系统自动搜索即插即用新硬件，并通过"添加新硬件向导"引导用户安装驱动程序。

方法 3：可以通过使用"驱动精灵"安装网卡驱动，根据向导执行，直到完成。

4. 检测网卡的工作状态

① 右击桌面上的"此电脑"图标，选择"属性"命令，打开"系统"窗口。单击"设备管理器"选项，在"设备管理器"窗口中单击"网络适配器"选项，可以看到已经安装的网卡，如图 2-2 所示。

② 右击已经安装的网卡，选择"属性"命令，可以查看该设备的工作状态。

5. 查看网卡 MAC 地址

在 Windows 10 操作系统中，我们可以通过以下几种方法查看网卡的 MAC 地址。

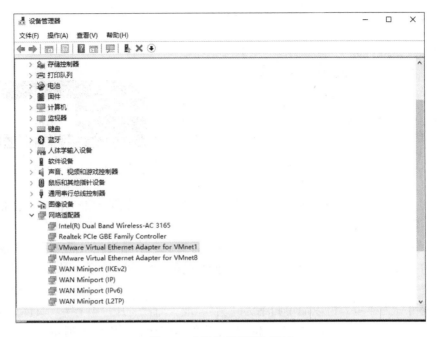

图 2-2　"设备管理器"窗口

　　方法 1：右击"网络"图标，选择"属性"命令。在"网络和共享中心"窗口中单击"更改适配器设置"超链接，如图 2-3 所示。双击"以太网"图标，打开"以太网状态"对话框，单击"详细信息"按钮，此时将会显示该网卡的 MAC 地址，如图 2-4 所示。图中的"物理地址"即对应网卡的 MAC 地址。

　　方法 2：右击屏幕右下角的"网络连接"图标，如图 2-5 所示，打开"网络与共享中心"窗口后，再使用方法 1 的步骤。

　　方法 3：打开"运行"对话框，输入"cmd"命令，打开命令行界面，输入"ipconfig /all"命令，同样可查看网卡 MAC 地址。

　　6. 制作双绞线

　　在动手制作双绞线时，应该准备好以下材料。

控制面板主页	查看基本网络信息并设置连接	
	查看活动网络	
更改适配器设置		
更改高级共享设置	**Home_5G**	访问类型：　Internet
	专用网络	连接：　　以太网
	更改网络设置	
	设置新的连接或网络	
	设置宽带、拨号或 VPN 连接；或设置路由器或接入点。	
	问题疑难解答	
	诊断并修复网络问题，或者获得疑难解答信息。	

图 2-3　网络与共享中心

属性	值
连接特定的 DNS 后缀	
描述	Realtek PCIe GBE Family Controller
物理地址	00-E0-E7-99-99-B9
已启用 DHCP	是
IPv4 地址	192.168.1.21
IPv4 子网掩码	255.255.255.0

图 2-4 网卡属性

图 2-5 网络连接

● 双绞线：在将双绞线剪断前一定要计算好所需的长度。如果剪断后的双绞线长度比实际距离短，将不能再接长。

● RJ-45 接头：即水晶头。每条网线的两端各需要一个水晶头。水晶头质量不仅是网线能否制作成功的关键之一，也在很大程度上影响着网络的传输速率。劣质水晶头的铜片容易生锈，对网络传输速率影响特别大。

制作过程可分为 4 步，可以简单归纳为"剥""理""查""压" 4 个字。具体如下：

① 准备好五类双绞线、RJ-45 接头和一把专用的压线钳，如图 2-6 所示。

② 用压线钳的剥线刀口将五类双绞线的外保护套管划开（注意，不要将里面的双绞线的绝缘层划破），刀口距五类双绞线的端头至少 2 cm，如图 2-7 所示。

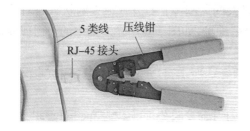

图 2-6 双绞线制作步骤（1）

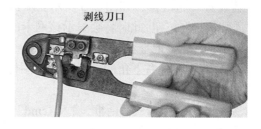

图 2-7 双绞线制作步骤（2）

③ 将划开的外保护套管剥去（旋转、向外抽），如图 2-8 所示。

④ 露出五类双绞线电缆中的 4 对双绞线，如图 2-9 所示。

⑤ 按照 EIA/TIA 568A（绿白、绿、橙白、蓝、蓝白、橙、棕白、棕）标准，或 EIA/TIA 568B 标准（橙白、橙、绿白、蓝、蓝白、绿、棕白、棕），将导线按规定的顺序排好，如图 2-10

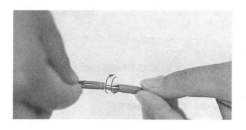

图 2-8 双绞线制作步骤（3）

图 2-9 双绞线制作步骤（4）

所示。

⑥将 8 根导线平坦整齐地平行排列，导线间不留空隙，如图 2-11 所示。

⑦准备用压线钳的剪线刀口将 8 根导线剪断，如图 2-12 所示。

⑧剪断电缆线。请注意，一定要剪得很整齐。剥开的导线长度不可太短，可以先留长一些。不要剥开每根导线的绝缘外层，如图 2-13 所示。

图 2-10 双绞线制作步骤（5）

⑨将剪断的电缆线放入 RJ-45 接头试试长短（要插到底），电缆线的外保护层最后应能够在 RJ-45 接头内的凹陷处被压实，反复进行调整，如图 2-14 所示。

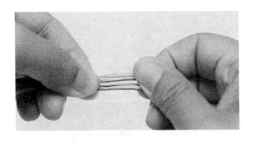

图 2-11 双绞线制作步骤（6）

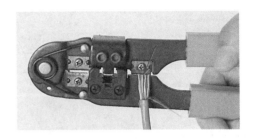

图 2-12 双绞线制作步骤（7）

图 2-13 双绞线制作步骤（8）

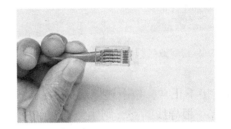

图 2-14 双绞线制作步骤（9）

⑩在确认一切都正确后（特别要注意不要将导线的顺序排列错），将 RJ-45 接头放入压线钳的压头槽内，准备最后的压实，如图 2-15 所示。

⑪双手紧握压线钳的手柄，用力压紧，如图 2-16 所示。请注意，这一步骤完成后，插头

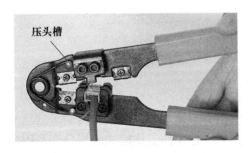

图 2-15 双绞线制作步骤（10）

图 2-16 双绞线制作步骤（11）

的 8 个针脚接触点就穿过导线的绝缘外层，分别和 8 根导线紧紧地压接在一起。

现在已经完成了线缆一端的水晶头的制作，接下来可以按照前面介绍的双绞线线序标准来制作另一端的水晶头。

⑫ 制作完成，如图 2-17 所示。

7. 双绞线连线制作测试

双绞线制作完成后，下一步需要检测它的连通性，以确定是否有连接故障。通常使用电缆测试仪进行检测。建议使用专门的测试工具进行测试。也可以购买价格较低的网线测试仪，如图 2-18 所示。测试时将双绞线两端的水晶头分别插入主测试仪和远程测试端的 RJ-45 端口，将开关开至"ON"（S 为慢速挡），主机指示灯 1~8 逐个顺序闪亮。

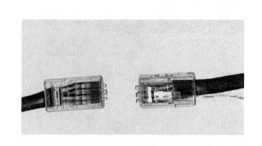

图 2-17 双绞线制作步骤（12）

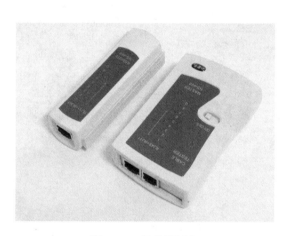

图 2-18 网线测试仪

若连接不正常，按下述情况显示：

① 有一根导线断路，则主测试仪和远程测试端对应线号的灯都不亮。

② 有几条导线断路，则对应的几条线都不亮，当导线少于两根线连通时，灯都不亮。

③ 两头网线乱序，则与主测试仪端连通的远程测试端对应线号的灯亮。

④ 导线有两根短路时，则主测试仪显示不变，而远程测试端显示短路的两根线灯都亮。若有 3 根以上 (含 3 根) 线短路时，则所有短路的几条线对应的灯都不亮。

⑤ 如果出现红灯或黄灯，就说明存在接触不良等现象，此时最好先用压线钳压制两端水晶头一次后再测，如果故障依旧存在，就得检查一下芯线的排列顺序是否正确。如果芯线顺序错误，那么就应重新进行制作。

 相关知识

1. 局域网的工作模式

按照建网后选用不同操作系统所提供的不同工作模式，可以将局域网分为对等式结构、客户机 / 服务器模式和浏览器 / 服务器模式 3 种基本类型，这 3 种工作模式的划分涉及用户存取和共享信息的方式。

（1）对等式结构

在对等式网络中，相连的机器都处于同等地位。它们共享资源，每台机器都能以同样方式作用于对方。一般来说，在对等式结构中所有计算机都可以既作为服务器，又作为客户机，如图 2-19 所示。

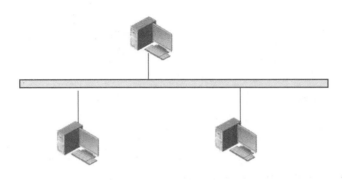

图 2-19　对等式结构

（2）客户机 / 服务器模式

客户机 / 服务器（Client/Server）模式是一种基于服务器的网络模式，简称 C/S 模式，如图 2-20 所示。与对等式网络相比，基于服务器的模式提供了更好的运行性能，并且可靠性也有所提高。在基于服务器的网络中，不需要将工作站的硬盘与他人共享。共享数据全部集中存放在服务器上。

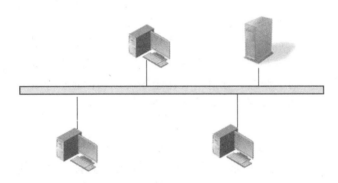

图 2-20　客户机 / 服务器（C/S）模式

客户机 / 服务器模式的网络和对等式结构的网络相比具有许多优点。首先，它有助于主机和小型计算机系统配置的规模缩小；其次，由于在客户机 / 服务器模式网络中由服务器完成主要的数据处理任务，这样在服务器和客户机之间的网络传输就减少了很多。另外，在客户机 / 服务器模式网络中把数据都集中起来，这种结构能提供更严密的安全保护功能，也有助于数据保护和恢复。它还可以通过分割处理任务，由客户机和服务器双方来分担任务，充分地发挥高档服务器的作用。

（3）浏览器 / 服务器模式

浏览器 / 服务器（Browser/Server）模式简称 B/S 模式，如图 2-21 所示。其中三层是相互独立的，任何一层的改变都不影响其他各层的功能，浏览器 / 服务器模式的客户端不需要

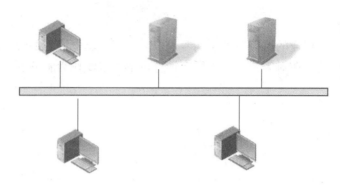

图 2-21　浏览器 / 服务器模式

安装专门的软件，只需要浏览器即可，减轻了客户端的负担，避免了不断提高客户端性能的要求，同时也使软件维护人员的维护变得容易。浏览器通过 Web 服务器与数据库进行交互，可以方便地在不同平台下工作，服务器端可采用高性能计算机，并安装 Oracle、Sybase、Informix 等大型数据库。浏览器 / 服务器模式是随着 Internet 技术兴起而产生的，是对客户机 / 服务器模式的改进。但该结构下服务器端的工作任务较重，对服务器的性能要求更高。

（4）综合使用

虽然浏览器 / 服务器模式比对等式网络有更多的优点，但把两者结合起来使用好处更多。综合利用 C/S、B/S 模式不同的优点来架构企业应用系统，即利用 C/S 模式的高可靠性来架构企业应用（包括输入、计算和输出），利用 B/S 模式的广泛性来架构服务或延伸企业应用（主要是查询和数据交换），能有效地避免 C/S 模式和 B/S 模式的弊端，充分发挥它们各自的优势，从而保证系统的完整性、安全性和灵活性，提高工作效率。例如，一个由多个 Windows 浏览器 / 服务器操作系统形成的网络就可以为 Windows 10 工作站提供集中存储的解决方法，这样可以动态地形成一些对等模式的工作组，在这些工作组中可以自由地共享文件、打印机等服务，但不会干扰那些由 Windows Server 服务器提供的服务。

2. 以太网的 MAC 地址

在以太网的工作机制中，接收数据的计算机必须通过数据帧中的地址来判断此数据帧是否发给自己。因此为了保证网络正常运行，每台计算机必须有一个与其他计算机不同的硬件地址，即网络中不能有重复地址。MAC 地址也称为物理地址，是 IEEE 802 标准为局域网规定的一种 48 位的全球唯一地址，用在 MAC 帧中。MAC 地址被嵌入以太网网卡中，网卡在生产时，MAC 地址被固化在网卡的 ROM 中。计算机安装网卡后，就可以利用该网卡固化的MAC 地址进行数据通信。对于计算机来说，只要其网卡不换，则它的 MAC 地址就不会改变。

IEEE 802 标准规定网卡地址为 6B，即 48 b，计算机和网络设备中一般以 12 个十六进制数表示，如 0E-A3-55-6C-29-A5。MAC 地址中，前 3 个字节由网卡生产厂商向 IEEE 的注册管理委员会申请购买，成为机构唯一标识号，又称公司标识符。如 D-Link 网卡的 MAC 地址前 3 个字节为 00-05-5D。MAC 地址中，后 3 个字节由厂商指定，不能重复。

3. 双绞线制作标准

（1）双绞线线序标准

目前双绞线的制作主要遵循 EIA/TIA 标准，规范两种线序的标准分别为 EIA/TIA 568A 和

EIA/TIA 568B，它们有一定的差别。而目前通常使用的标准主要是 EIA/TIA 568B 标准。

EIA/TIA 568A 线序如图 2-22 所示，EIA/TIA 568B 线序如图 2-23 所示。

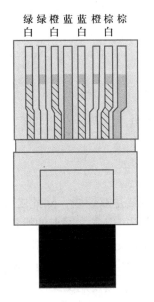
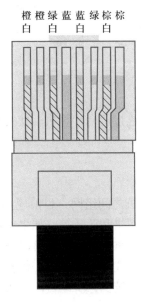

图 2-22　EIA/TIA 568A 线序　　　　　图 2-23　EIA/TIA 568B 线序

（2）双绞线的连接标准

根据双绞线两端 RJ-45 接头做法是否相同，制作后的双绞线分为直连线和交叉线，如图 2-24 所示。

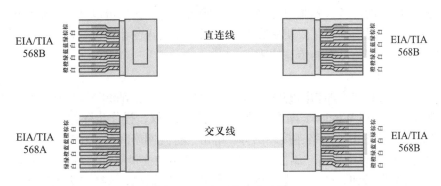

图 2-24　交叉线和直连线

直连线：如果双绞线两端使用的都是 EIA/TIA 568A 标准，或者两端都是 EIA/TIA 568B 标准，这根双绞线就是直连线。直连线一般用来连接不同类型设备，如计算机和交换机之间的连接。

交叉线：如果双绞线一端使用的是 EIA/TIA 568A 标准，另一端是 EIA/TIA 568B 标准，这根双绞线就是交叉线。交叉线一般用来连接同类型的设备，如两台计算机之间直连，两台交换机级联。

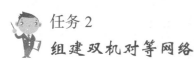

任务 2
组建双机对等网络

任务描述

使用交叉线连接两台计算机，使之成为一个最小网络。

任务分析

在两台计算机之间组网，目前应用最多的传输介质就是双绞线，除此之外还可以使用串、并行电缆，无线网络和蓝牙等。如果使用串、并行电缆还可以省去网卡的投资，是一种最廉价的组网方式，但这种方式传输速率非常低，并且串、并行电缆制作比较麻烦，目前很少使用。无线网络和蓝牙模式，连接方便，传输速率也不错，主要用于笔记本电脑，配备蓝牙或无线模块的台式计算机比较少，所以目前双机互连的主要方式是直接使用交叉双绞线将两台计算机的网卡连接在一起。物理连接后，还需要在计算机上安装网络协议并配置 IP 地址，才能提供网络服务。

方法与步骤

1. 使用双绞线连接两台计算机

有了上述软硬件的准备，熟悉对等网络的一些概念后，我们可以开始实施组网工作了。在使用网卡将两台计算机连接时，要使用交叉双绞线，并且两台计算机最好选用相同品牌和相同传输速率的网卡，以避免可能的传输故障。

2. 安装网络协议

网络中的计算机必须添加相同的网络协议才能互相通信。Windows 操作系统一般会自动安装 TCP/IP 协议。若要在 Windows 操作系统中安装其他协议，操作步骤如下：

① 在桌面右下角右击"网络连接"图标，单击"打开网络和共享中心"，单击"本地连接"图标，从弹出的快捷菜单中单击"属性"按钮，打开"本地连接属性"对话框，如图 2-25 所示。

② 单击"安装"按钮，打开"选择网络功能类型"对话框，选择"协议"选项，如图 2-26 所示，单击"添加"按钮，打开"选择网络协议"对话框。

③ 在"选择网络协议"对话框中选择想要安装的协议，单击"从磁盘安装"按钮，系统会自动安装相应的网络协议。

3. 设置 IP 地址

在设计和组建一个网络时，必须要对网络进行规划，其中也包括对网络地址的规划和使用。例如,使用哪一类 IP 地址,需要为多少台计算机分配 IP 地址,每台计算机是自动获取 IP 地址（动

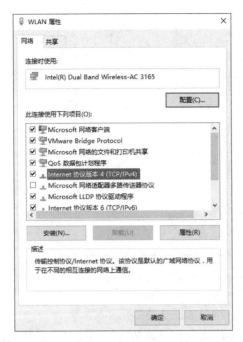

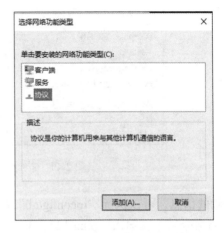

图 2-25　本地连接属性对话框　　　　图 2-26　选择网络协议对话框

态 IP 地址,通过 DHCP 服务实现),还是通过手工方式进行设置(静态 IP 地址)等。在本任务中,采用手工方式设置 IP 地址。

① 在"以太网属性"对话框中,选择"Internet 协议版本 4(TCP/IPv4)"选项,并单击"属性"按钮 。打开"Internet 协议版本 4（TCP/IPv4 ）属性"对话框，如图 2-27 所示。

② 在"IP 地址"文本框中输入相应的 IP 地址(在小型局域网内,一般可设为 192.168.1.*)。在"子网掩码"文本框中输入该类 IP 地址的子网掩码。单击"确定"按钮, IP 地址设置完毕。

③ 为每台计算机手工配置 IP 地址和子网掩码后，就可以将各台计算机连接到同一个网络中，并实现了资源的共享。

如果网络中没有 DHCP 服务器，当计算机选择"自动获得 IP 地址"时，Windows 操作系统也提供了自动 IP 地址分配机制，它会自动为每台计算机分配一个 169.254.*.* 的 IP 地址，但无法实现计算机间的相互通信。

4. 网络连通性测试

① 检查本机 TCP/IP 的配置情况。在命令行界面中，输入"ipconfig"，按 Enter 键。若要进一步查看

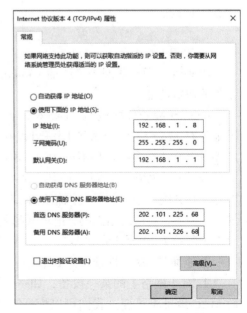

图 2-27　"Internet 协议版本 4（TCP/IPv4 ）属性"对话框

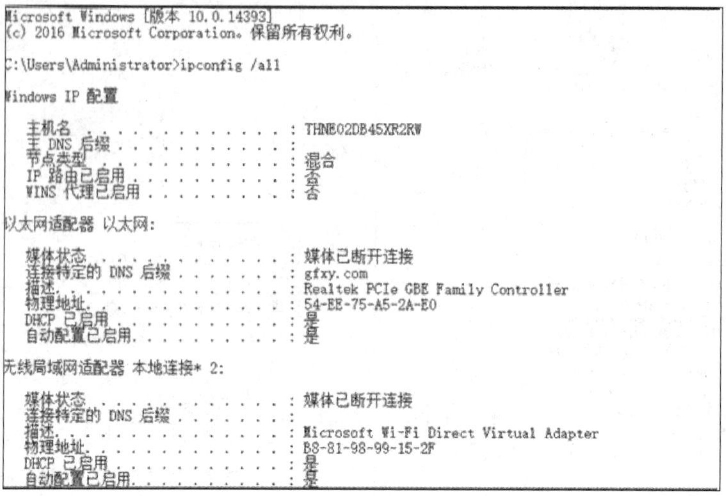

图 2-28 执行 ipconfig/all 命令结果显示

更为详细的信息，可以执行"ipconfig/all"命令，结果如图 2-28 所示。

② 在命令行中，输入"ping 127.0.0.1"，如果能接收到正确的应答响应且没有数据包丢失，则表示本机的 TCP/IP 工作正常，且本机 TCP/IP 的参数配置正确。

③ 输入"ping x.x.x.x"，其中 x.x.x.x 代表网络中另外一台计算机的 IP 地址，按 Enter 键。如果同样能够接收到对方正确的应答信息，则表示网络是连通的，可以与对方计算机之间互相通信。若无法连通，应重新测试或制作网络电缆，并检查 TCP/IP 协议配置是否正常。

相关知识

1. IP 地址

IP 地址，即互联网协议地址（Internet Protocol Address，网际协议地址），是分配给网络中设备的逻辑地址。

Internet 编号分配机构（IANA）定义了 5 类 IP 地址，其中 A、B、C 三类是常用地址。A 类地址有 126 个，每个 A 类网络可以有 16 777 214 台主机，它们处于同一广播域。而在同一广播域中有这么多结点是不可能的，网络会因为广播通信而饱和，结果造成 16 777 214 个地址大部分没有分配出去。可以把基于 A 类地址的网络进一步分成更小的网络，每个子网由路由器界定并分配一个新的子网网络地址，子网地址是借用基于每类的网络地址的主机部分创建的。划分子网后，通过使用掩码，把子网隐藏起来，使得从外部看网络没有变化，这就是子网掩码。表 2-1 所示为 IP 地址分类表。

IP 地址与 MAC 地址区别如下：

① 对于网络上的某一设备，如一台计算机或一台路由器，其 IP 地址可变（但必须唯一），而 MAC 地址不可变。我们可以根据需要给一台主机指定任意的 IP 地址，如我们可以给局域网上的某台计算机分配 IP 地址为 192.168.0.112，也可以将它改成 192.168.0.200。而任一网络设备（如网卡、路由器）一旦生产出来以后，其 MAC 地址永远唯一且不能由用户改变。

表 2–1 IP 地址分类表

地址类型	引导位	第 1 位的范围	地址结构	可用网络地址数	可用主机数
A 类	0	1~126	网.主.主.主	126	16 777 214
B 类	10	128~191	网.网.主.主	16 384	65 534
C 类	110	192~223	网.网.网.主	2 097 152	254
D 类	1110	224~239	组播地址		
E 类	1111	240~255	研究和试验所用地址		

② 长度不同。IP 地址为 32 位，MAC 地址为 48 位。

③ 分配依据不同。IP 地址的分配是基于网络，MAC 地址的分配是基于制造商。

2. TCP/IP 协议

互联网协议簇（Internet Protocol Suite）是一个网络通信模型，以及整个网络传输协议家族，为互联网的基础通信架构。它包括两个核心协议：TCP（传输控制协议）和 IP（网际协议）。

TCP/IP 协议不是 TCP 和 IP 这两个协议的合称，而是指整个 TCP/IP 协议族。从协议分层模型方面来讲，TCP/IP 由 4 个层次组成：网络接口层、网络层、传输层、应用层。

TCP/IP 协议并不完全符合 OSI 的 7 层参考模型，但 TCP/IP 协议采用了 4 层的层级结构，每一层都调用其下一层所提供的服务来实现本层的功能。

3. ping 命令使用方法

① 在 TCP/IP 协议中，网络层 IP 是一个无连接的协议，传送数据包时可能会出现丢失、重复或乱序。因此，可以使用网际控制报文协议（ICMP）对 IP 提供差错报告。"ping"就是一个基于 ICMP 的实用程序。通过该程序进行测试，测试的内容包括 IP 数据包能否到达目的主机，是否会丢失数据包，传输延迟有多大，以及统计丢包率等数据。

② 在命令行界面输入"ping 127.0.0.1"。其中"127.0.0.1"是用于本地回路测试的 IP 地址，代表 Localhost，即本地主机。该测试被称为"回波响应"，如图 2–29 所示。

③ 使用 ping 命令后，可以测试接收方的应答信息的链路状况。若链路良好，则会接收到如图 2–30 所示的应答信息。

在如图 2–30 所示的界面中，"字节"表示测试数据包的大小；"时间"表示数据包的延迟时间；"TTL"表示数据包的生存期。统计数据结果为总共发送数据包 4 个，丢包率为 0%，最大、最小和平均传输延迟为 0 ms。

```
C:\Users\Administrator>ping 127.0.0.1

正在 Ping 127.0.0.1 具有 32 字节的数据:
来自 127.0.0.1 的回复: 字节=32 时间<1ms TTL=64
来自 127.0.0.1 的回复: 字节=32 时间<1ms TTL=64
来自 127.0.0.1 的回复: 字节=32 时间<1ms TTL=64
来自 127.0.0.1 的回复: 字节=32 时间<1ms TTL=64

127.0.0.1 的 Ping 统计信息:
    数据包: 已发送 = 4, 已接收 = 4, 丢失 = 0 (0% 丢失),
往返行程的估计时间(以毫秒为单位):
    最短 = 0ms, 最长 = 0ms, 平均 = 0ms

C:\Users\Administrator>
```

```
正在 Ping 127.0.0.1 具有 32 字节的数据:
来自 127.0.0.1 的回复: 字节=32 时间<1ms TTL=64
来自 127.0.0.1 的回复: 字节=32 时间<1ms TTL=64
来自 127.0.0.1 的回复: 字节=32 时间<1ms TTL=64
来自 127.0.0.1 的回复: 字节=32 时间<1ms TTL=64

127.0.0.1 的 Ping 统计信息:
    数据包: 已发送 = 4, 已接收 = 4, 丢失 = 0 (0% 丢失),
往返行程的估计时间(以毫秒为单位):
    最短 = 0ms, 最长 = 0ms, 平均 = 0ms
```

图 2–29 "回波响应"测试界面   图 2–30 应答信息界面

如果收到如图 2-31 所示的应答信息，就表示数据包无法达到目的主机或数据包丢失。

在命令行界面输入"ping"后按 Enter 键，就会得到对 ping 命令的帮助或提示。其中有很多的相关参数设置，常用的有"–t""–n""–1""–f"，其使用方法如下。

图 2-31 错误应答

• 参数"–t"用于连续性测试链路。例如，使用"ping x.x.x.x–t"，x.x.x.x 表示目的主机的 IP 地址（如 192.168.1.10），就可以不间断地测试源与目的主机之间的链路，直到用户使用中断退出（按 Ctrl+C 组合键），而且在测试过程中，可以随时按 Ctrl+Break 组合键来查看统计结果。

• 参数"–n"表示发送测试数据包的数量，在不指定该参数时，默认值为 4。若要发送 1 000 个数据包测试链路，则可以使用"ping x.x.x.x–n 1000"命令。

• 参数"–1"表示发送测试数据包的大小。若要发送 100 个 1 024 B 大小的数据包，则可以使用"ping x.x.x.x–n 100–1 1024"。

任务 3
共享网络文件

★ 任务描述

在任务 2 中我们已经利用双绞线组成了双机网络,现在两台计算机上都有图片和文档资料,想要把这些图片和文档资料进行共享，如何才能做到?

任务分析

在局域网中同样也会有这样的需求，我们可以通过共享网络中的资源，实现文件资料的交换，既可以节省存储空间，又可以提高工作效率。共享的目的是让对方访问自己的资源，那么就必须让共享的双方能够看到彼此，然后再对资源进行共享。

方法与步骤

1. 配置本地文件共享

① 在"Windows 资源管理器"窗口，右击需要共享的文件或文件夹，在弹出的快捷菜单中选择"属性"命令,如图 2-32 所示（有时在快捷菜单中会直接出现"共享和安全"选项）。

② 在"属性"对话框中选择"共享"选项卡，然后单击"高级共享"按钮。

③ 在"高级共享"对话框中勾选"共享此文件夹"复选框，单击"确定"按钮，如图 2-33 所示。

④ 重新打开"Windows 资源管理器"窗口，就能看到刚才设置的共享资源。看到文件夹

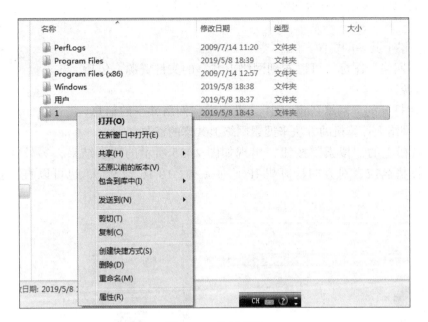

图 2-32 快捷菜单

图 2-33 共享文件夹

带图标，表示此文件夹已开放给网络上用户，是共享资源，如图 2-34
所示。

2. 访问网络上共享的资源

① 双击"网络"图标，可以看到网络上共享的文件资源，包括
本机共享的资源。

② 如果在打开的"网络"窗口中，没有发现网络共享的信息，
可以通过搜索网络上计算机的方法来搜索网络上共享的资源。

图 2-34 共享资源

单击工具栏上的"搜索"按钮，出现如图 2-35 所示的搜索结果，另外在文本框中输
入搜索的计算机名或者对方的计算机 IP 地址（如 \\10.16.72.92），也可以直接获得访问的
资源。

图 2-35 搜索计算机

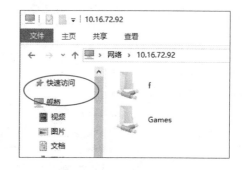

图 2-36 查找到共享资源

③ 搜索完毕，显示查找到共享的网络设备和资源信息，如图 2-36 所示。

 相关知识

"网络"图标不见了，怎么能找到

在桌面右击，在弹出的快捷菜单中单击"个性化"→"更改桌面图标"命令，勾选"网络"
选项，单击"应用"→"确定"按钮，"网络"图标就会出现在桌面。

 任务 4
使用虚拟机组建对等网络

任务描述

随着计算机技术的不断发展，新的操作系统、软件等层出不穷，对计算机相关专业人士来

说，计算机上一般都会安装虚拟机，那么如何使用虚拟机来组建双机对等网？

任务分析

针对上述情况，我们采用 VMware Workstation 这款虚拟机软件来实现双机对等网的组建。

方法与步骤

1. 新建虚拟机

（1）运行程序，进入虚拟机首页

单击"创建新的虚拟机"按钮，或者选择菜单"文件"→"新建虚拟机"命令。

（2）通过新建虚拟机向导完成虚拟机创建

可采用"典型"或"自定义"的方法，如图 2–37 所示。在自定义安装中，可设置虚拟机的 CPU 个数、内存大小等。

图 2–37　新建虚拟机向导

① 选择"自定义（高级）"，单击"下一步"按钮。选择"稍后安装系统"，单击"下一步"按钮。然后根据需要选择要安装的客户机操作系统类型，配置虚拟机名称及保存位置。

② 设置 CPU 即处理器的个数、核心数。设置虚拟机的内存大小，内存可根据计算机主机配置而定，不要低于默认的内存大小。

③ 设置网络连接类型，设置为"使用桥接网络"。其他参数使用默认值。

④ 选择磁盘时，使用新虚拟机磁盘，设置磁盘大小。选择磁盘存储位置。最终完成配置，如图 2–38 所示。

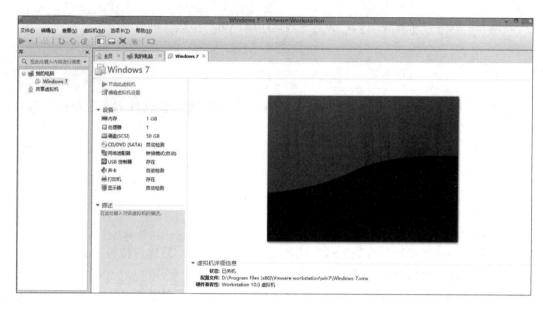

图 2-38　新虚拟机界面

2. 使用虚拟机组建对等网络

（1）选择网络适配器

根据上述步骤完成两台虚拟机的操作系统安装后，在虚拟机的管理界面中，选择网络适配器，如图 2-39 所示。

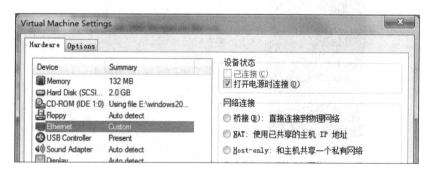

图 2-39　网络模式设置界面

（2）选择网络连接

网络连接选择"Host-only"（仅主机），单击"确定"按钮完成操作。然后，开启虚拟机进入操作系统，按照前面任务中讲述的方法设置 IP 地址后，即可完成虚拟机对等网络的建立。

① 设置 PC1 和 PC2 的 IP 地址为同一个网段。

右击桌面右下角，单击"打开网络和共享中心"，如图 2-40 所示。单击"更改适配器设置"。

在打开的窗口中（图 2-41），右击"本地连接"，并选择"属性"命令，以打开"本地连

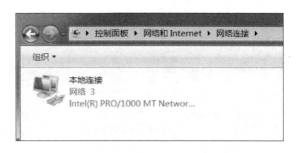

图 2-40　网络连接和适配器设置　　　　　图 2-41　打开本地连接的属性设置窗口

接 属性"对话框。

在"本地连接 属性"对话框中，双击"Internet 协议版本 4（TCP/IPv4）"选项，如图 2-42 所示。在 "Internet 协议版本 4（TCP/IPv4）属性"对话框中，选中"使用下面的 IP 地址"单选按钮，分别设置 PC1 和 PC2 为相同网段的不同 IP 地址。

● 设置 PC1 的 IP 地址为 "192.168.0.1"，子网掩码为 "255.255.255.0"，默认网关为 "192.168.0.1"，首选 DNS 服务器为 "192.168.0.1"，单击 "确定" 按钮，如图 2-43 所示。

图 2-42　打开 "Internet 协议版本 4（TCP/IPv4）"　　　图 2-43　设置 PC1 的 IP 地址

● 设置 PC2 的 IP 地址为 "192.168.0.2"，子网掩码为 "255.255.255.0"，默认网关为 "192.168.0.1"，首选 DNS 服务器为 "192.168.0.1"，单击 "确定" 按钮，如图 2-44 所示。

② 设置工作组和计算机名。

在桌面右击 "计算机"，单击 "属性" 命令，如图 2-45 所示。

单击 "更改属性" 按钮，为 PC1 和 PC2 设置相同的工作组，如图 2-46 所示。

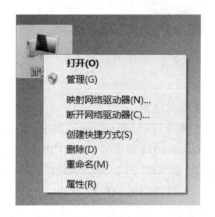

图 2-44　设置 PC2 的 IP 地址　　　　　　图 2-45　设置计算机"属性"

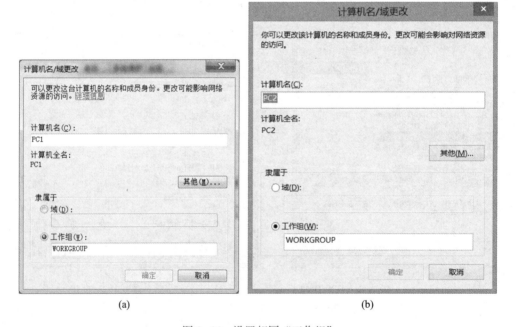

　　　　　　　　(a)　　　　　　　　　　　　　　　　(b)

图 2-46　设置相同"工作组"

　　③ 用 ping 命令测试连通性。注意，本机和虚拟机的 IP 地址要设置在同一网段；IP 地址不能设置成相同，否则会 IP 冲突。

　　测试网络可以 ping 通，双机对等网络就配置完成了。

小提示

Windows 中利用双机对等网络互访的基本条件：

① 双方都正确设置了网内 IP 地址，且必须在一个网段中。

② 双方的计算机中都关闭了防火墙，或者防火墙策略中没有阻止网络访问的策略。

③ 双方计算机打开，且设置了网络共享资源。

④ 双方的计算机添加了"Microsoft 网络文件和打印共享"服务。

相关知识

1. 虚拟机

VMware Workstation 是一款功能强大的桌面虚拟计算机软件，供用户在同一台计算机上同时运行不同的操作系统，进行开发、测试、部署新的应用程序。VMware Workstation 可在一台实体机器上模拟完整的网络环境。

2. VMware Workstation 的三种网络模式

（1）桥接模式（Bridge）

用这种方式，虚拟系统的 IP 地址可设置为与本机系统在同一网段，虚拟系统相当于网络内的一台独立的机器，与本机连接在同一个集线器上，网络内其他机器可访问虚拟系统，虚拟系统也可访问网络内其他机器，当然与本机系统的双向访问也不成问题。

（2）NAT 模式

这种方式也可以实现本机系统与虚拟系统的双向访问，但网络内其他机器不能访问虚拟系统，虚拟系统可通过本机系统用 NAT 协议访问网络内其他机器。NAT 模式中 IP 地址的配置方法：虚拟系统先用 DHCP 自动获得 IP 地址，本机系统里的 VMware services 会为虚拟系统分配一个 IP 地址，之后如果想每次启动都用固定 IP 地址的话，在虚拟系统里直接设置这个 IP 地址即可。

（3）仅主机模式（Host only）

顾名思义，这种方式只能进行虚拟机和主机之间的网络通信，即网络内其他机器不能访问虚拟系统，虚拟系统也不能访问其他机器。

思考与练习

一、单项选择题

1.（　　）即客户机/服务器结构。

    A. C/S 结构　　　　　　B. B/S 结构　　　　　　C. 对等网　　　　　　D. 不对等网

2. 一台连网的计算机，用户使用它访问网上资源，同时本地的资源也可以通过网络由其他的计算机使用，此时该计算机扮演的是（　　）角色。

    A. 客户机　　　　　　B. 路由器　　　　　　C. 对等机　　　　　　D. 服务器

3.（　　）是应用最广泛的协议，已经被公认为事实上的标准，它也是现在的 Internet 的标准协议。

    A. OSI　　　　　　　　B. TCP/IP　　　　　　C. UDP　　　　　　　D. ATM

4. 网卡用来实现计算机和（　　　）之间的物理连接。

　　A. 其他计算机　　　　　B. Internet　　　　　　C. 传输介质　　　　　D. 打印机

5. 一端采用 EIA/TIA 568A 标准、另一端采用 EIA/TIA 568B 标准的双绞线被称为（　　　）。

　　A. 直通线　　　　　　　B. 交叉线　　　　　　　C. 同等线　　　　　　D. 异同线

6. 常用来测试网络是否连通的命令是（　　　）。

　　A. ping　　　　　　　　B. ipconfig　　　　　　C. usernet　　　　　　D. edit

二、多项选择题

1. 在 C/S 结构中，服务器主要负责（　　　　）。

　　A. 提供数据　　　　　　B. 文件管理　　　　　　C. 打印　　　　　　　D. 通信

2. 下列属于对等网特点的是（　　　　）。

　　A. 建立成本较低

　　B. 不用专门的管理人员

　　C. 对等网络中的权限控制是用户自己定义的，比较灵活

　　D. 安全性较高

三、问答题

1. 目前局域网有哪几种工作模式？各有什么特点？

2. 常见的双绞线有哪两种类型（从线序标准分）？在制作和应用上有什么区别？

3. 什么是 IP 地址？什么是 MAC 地址？两者有什么区别？

项目 3

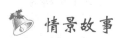

组建小型办公网络

情景故事

小李是某公司的一名网络管理员。目前公司有销售部、市场部、财务部、办公室 4 个部门，各部门有计算机数台、打印机一台。公司为了充分利用各部门计算机中的资源，以及方便内部传输资料和访问互联网，要求将计算机和打印机连成小型网络。小李需要解决以下问题：选择哪种组网模式？选择什么网络设备？为保证计算机和资源的安全，如何设置权限以满足不同部门的不同人员的需求？

项目说明

由于公司业务的发展，各部门使用的计算机数量越来越多，同时打印机、扫描仪等也是必不可少的。各部门之间、各部门同外界信息媒体之间数据资料的相互交换和共享的要求日益增加。面对这种情况，最好的解决办法是组建一个办公室局域网，充分发挥现有的计算机等设备功能。

本项目详细介绍了一个小型网络的设计和实现。通过本项目的学习，能够根据用户的需求规划和组建一个小型的办公网络，掌握交换机的基础知识，共享网络资源。

学习目标

1. 了解小型办公网络的组网技术。
2. 熟悉交换机的基本功能和相关知识。
3. 掌握局域网中网络资源的共享方法。
4. 掌握小型无线局域网的组建方法。

任务 1

选择组网技术

任务描述

随着网络建设的不断发展，小李所在企业的信息化建设进行得如火如荼。为了提高企业的生产和协同工作效率，小李公司拟组建网络，如何选择一个合适的组网方案并且选择适合的网络产品就成了非常关键的问题。

任务分析

小型办公网络根据具体的需求及应用领域，需要考虑网络的稳定性与可靠性，以及网络组建的投入成本等方面。针对小李公司组建小型网络的需求，我们考虑：

① 确定网络需求。小型网络一般连接设备数量较少，主要应用以传输文件和共享资料为主，建议通过交换机连接网络。

② 确定网络连接方式。办公场合的移动性并不是很强，因此本任务中使用有线局域网连接方式。

方法与步骤

1. 分析公司组网需求

计算机局域网的规划设计必须充分考虑用户的需求，然后从实际出发，设计出合理而又能保证未来扩展需求的局域网。

小李公司的组网需求如下：

① 提高办公效率，降低企业的日常业务开销。

② 实现局域网中资源共享。

③ 实现安全、准确、高效的企业管理。通过网络，企业的负责人可以随时了解各部门的整体情况，并迅速把有关指示和工作安排下发到下属各部门。

④ 满足移动办公的需要。对于企业来说，网络给经常出差的员工带来了方便，他们可以通过网络随时和企业取得联络。

2. 规划网络拓扑结构

小李根据组网需求，决定采用目前主流组网技术 100 Base–TX 星状网络结构连接。

100 Base–TX 星状网络结构使用超 5 类双绞线作为传输介质，并使用 100 Mbps 交换机（集线器）作为通信设备。

目前交换机的价格比较低，因此可以使用交换机组建办公局域网，费用不会过高。这样不仅可以提高传输速率，而且便于以后扩充和升级网络。该公司局域网的拓扑结构图如图 3–1 所示。

3. 准备网络连接设备

根据公司现有 8 台基本计算机和 4 台打印机的硬件情况，要组建一个最简单的网络，还需要购置网卡 8 个，24 口以上的交换机一台，超五类以上双绞线 12 条，RJ–45 接头（水晶头）若干。具体所需的设备和配件见表 3–1。此外，还需准备制作网线使用的剥线 / 压线钳一把，检测电缆连通性的电缆检测仪一台。

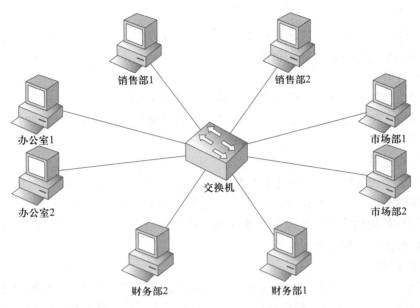

图 3-1 公司局域网的拓扑结构图

表 3-1 组网所需设备和配件

名称	数量	说明
网卡	8 个	10/100 Mbps 网卡
网线（双绞线）	12 条	每条长度根据实际需要确定（小于 100 m）
RJ-45 接头	若干	
交换机	1 台	24 口以上，100 Mbps

除了这些基本的设备和配件外，计算机还必须对内存、硬盘等硬件进行一些必要的升级或更新，使其能够更好地服务所有用户。如果需要在服务器上为每个员工提供一定的私有空间以及部门公用空间，则服务器必须配备大容量的硬盘。

相关知识

1. 网络设计原则

网络设计的目标是选择合适的技术和设备，进行合适的配置，实现组网。但怎样才能做到"合适"呢？这取决于规划者对客户及其需求的了解程度。可以用不同的技术进行组网，但成功的网络设计都要遵循一些最基本的原则。

（1）实用性

建设局域网的目的是满足用户的需求，用户的需求是规划的基础。在没有充分理解用户需求的情况下进行网络设计，最终必然不能达到建设要求。网络往往需要满足各用户的不同需求，从而满足整个组织机构的所有业务需求。

（2）可扩充性

在进行网络设计的时候，应该关注未来的技术发展方向，不采用限制新技术发展的技术标准，为将来网络系统升级留有空间和接口。

（3）开放性

网络设计应采用当前主流国际标准的软硬件，以及开放的技术、开放的结构、开放的系统组件和用户接口，使网络系统具备与多种协议计算机通信网络进行互连的特性，为未来的横向扩展提供必要的条件。

（4）成本有效性

充分考虑资金投入能力，应该以最好的性价比去构建网络系统。网络设计无须一味追求高性能，因为高性能往往意味着高投资，另外该高性能网络系统未必得到充分利用。所以网络设计应该根据用户的应用需求，在满足系统性能以及考虑到在可预见期间不失先进性的前提下，尽量使整个系统投资合理且实用性强。

（5）可管理性

计算机网络具有一定的复杂性，随着网络的发展，其管理工作必然越来越繁重。所以网络设计者应该提出一套完善的网络管理解决方案，并通过先进的管理策略、管理工具来提高网络运行的可管理性和可靠性，简化网络维护工作。

（6）安全可靠性

为了保证各项应用的实现，所设计的网络必须具有高可靠性。应该尽量避免系统的单点故障，提供冗余措施，并采用先进的网络管理技术，对网络信息流进行实时监控，对数据进行处理，可以及时查出并排除故障。同时还要采取合适的安全措施，如设置防火墙等。

2. 以太网技术标准

以太网最初是由 Xerox 公司研制而成的，并且在 1980 年由 DEC 公司和 Xerox 公司共同使之规范成形。后来它被作为 IEEE 802.3 标准，为电气与电子工程师协会（IEEE）所采纳。

以太网的基本特征是采用一种称为带碰撞检测的载波监听多址访问（CSMA/CD）技术的共享访问方案，即多个结点都连接在一条总线上，所有的工作站都不断向总线上发出监听信号，但在同一时刻只能有一个结点在总线上进行传输，而其他结点必须等待其传输结束后再开始自己的传输。冲突检测方法保证了只能有一个结点在总线上传输。早期以太网传输速率为10 Mbps。

在几十年中以太网技术不断发展，成为迄今最广泛应用的局域网技术，产生了多种技术标准。

（1）10 Base 5

10 Base 5 是原始的以太网标准，使用直径 10 mm 的 50 Ω 粗同轴电缆，总线型拓扑结构，网卡的接口为 DB-15 连接器，通过 AUI 电缆，用 MAU 装置栓接到同轴电缆上，末端用50 Ω/1 W 的电阻端接（一端接在电气系统的地线上）。每个网段允许有 100 个结点，每个网段最大允许距离为 500 m，网络直径为 2 500 m，即可由 5 个 500 m 长的网段和 4 个中继器组成。利用基带的 10 Mbps 传输速率，采用曼彻斯特编码传输数据。

（2）10 Base 2

10 Base 2 是为降低 10 Base 5 的安装成本和复杂性而设计的。使用价格较低的 R9-58 型50 Ω 细同轴电缆，总线型拓扑结构，网卡通过 T 形接头连接到细同轴电缆上，末端连接

50 Ω 端接器。每个网段允许 30 个结点，每个网段最大允许距离为 185 m，仍保持 10 Base 5 的 4 中继器、5 网段设计能力，允许的最大网络直径为 925 m（5×185 m）。利用基带的 10 Mbps 传输速率，采用曼彻斯特编码传输数据。与 10 Base 5 相比，10 Base 2 以太网更容易安装，更容易增加新结点，能大幅度降低费用。

（3）10 Base-T

10 Base-T 是 1990 年通过的以太网物理层标准。使用两对非屏蔽双绞线，一对线发送数据，另一对线接收数据；使用 RJ-45 模块作为连接器，星状拓扑结构，信号频率为 20 MHz，必须使用三类或更好的 UTP 电缆；布线按照 EIA568 标准，结点 – 中继器和中继器 – 中继器的最大距离为 100 m。保持了 10 Base 5 的 4 中继器、5 网段的设计能力，使 10 Base-T 局域网的最大直径为 500 m。10 Base-T 的集线器和网卡每 16 s 就发出"滴答"（Hear-beat）脉冲，集线器和网卡都要监听此脉冲，收到"滴答"信号表示物理连接已建立，10 Base-T 设备通过 LED 灯向网络管理员指示链路是否正常。双绞线以太网是以太网技术的主要进步之一，10 Base-T 价格便宜、配置灵活和易于管理。

（4）10 Base-F

10 Base-F 是使用光缆的以太网，使用双工光缆，一条光缆用于发送数据，另一条用于接收；使用 ST 作为连接器，星状拓扑结构；网络直径为 2 500 m。

（5）100 Base-T

100 Base-T 是 100 Mbps 以太网的标准版，1995 年 5 月正式通过了快速以太网 /100 Base-T 规范，即 IEEE 802.3u 标准，是对 IEEE 802.3 的补充。与 10 Base-T 一样采用星状拓扑结构，但 100 Base-T 包含 4 个不同的物理层规范，并且包含了网络拓扑方面的许多新规则。

① 100 Base-TX：100 Base-TX 使用两对五类非屏蔽双绞线或一类屏蔽双绞线，一对用于发送数据，另一对用于接收数据，最大网段长度为 100 m，布线符合 EIA568 标准；采用 4B/5B 编码法，使其可以 125 MHz 的串行数据流来传送数据；使用 MLT-3（多电平传输 -3）波形法来降低信号频率到 125/3 MHz≈41.6 MHz。100 Base-TX 是 100 Base-T 中使用最广的物理层规范。

② 100 Base-FX：100 Base-FX 使用多模（62.5 μm 或 125 μm）或单模光缆，连接器可以是 MIC/FDDI 连接器、ST 连接器或廉价的 SC 连接器；最大网段长度根据连接方式不同而变化，例如，对于多模光纤的交换机 – 交换机连接或交换机 – 网卡连接最大允许长度为 412 m，如果是全双工链路，则可达到 2 000 m。100 Base-FX 主要用于高速主干网，远距离连接，以及应用在有强电气干扰或较高安全保密要求的环境。

③ 100 Base-T4：100 Base-T4 是为了利用大量的三类音频级布线而设计的。它使用 4 对双绞线，3 对用于同时传送数据，第 4 对线用于冲突检测时的接收信道，信号频率为 25 MHz，因而可以使用数据级三、四或五类非屏蔽双绞线，也可使用音频级三类线缆。最大网段长度为 100 m。

3. 千兆以太网

千兆以太网技术作为新的高速以太网技术，给用户带来了提高核心网络的有效解决方案，这种解决方案的最大优点是继承了传统以太网技术价格便宜的优点。

千兆以太网技术仍然是以太网技术，它采用了与 10 Mbps 以太网相同的帧格式、帧结构、网络协议、全 / 半双工工作方式、流控模式以及布线系统。由于该技术不改变传统以太网的桌面应用、操作系统，因此可与 10 Mbps 或 100 Mbps 的以太网很好地配合工作。升级到千兆以太网不必改变网络应用程序、网管部件和网络操作系统，能够尽可能地保护已有投资，因此该技术的市场前景十分看好。

千兆以太网技术有两个标准：IEEE 802.3z 和 IEEE 802.3ab。IEEE 802.3z 是光纤和短程铜线连接方案的标准，IEEE 802.3ab 是五类双绞线上较长距离连接方案的标准。

（1）IEEE 802.3z

IEEE 802.3z 工作组负责制订光纤（单模或多模）和同轴电缆的全双工链路标准。IEEE 802.3z 定义了基于光纤和短距离铜缆的 1 000 Base-X，采用 8B/10B 编码技术，信道传输速率为 1.25 Gbps，去耦后实现 1 000 Mbps 的传输速率。

（2）IEEE 802.3ab

IEEE 802.3ab 工作组负责制订基于非屏蔽双绞线的半双工链路的千兆以太网标准，产生 IEEE 802.3ab 标准及协议。IEEE 802.3ab 定义基于五类非屏蔽双绞线的 1 000 Base-T 标准，其目的是在五类非屏蔽双绞线上以 1 000 Mbps 的速率传输 100 m。IEEE 802.3ab 标准的意义主要有以下两点：

① 保护用户在五类非屏蔽双绞线布线系统上的投资。

② 1 000 Base-T 是 100 Base-T 自然扩展，与 10 Base-T、100 Base-T 完全兼容。

不过，在五类非屏蔽双绞线上达到 1 000 Mbps 的传输速率需要解决五类非屏蔽双绞线的串扰和衰减问题，这也使得 IEEE 802.3ab 工作组的开发任务要比 IEEE 802.3z 复杂一些。

千兆以太网最初主要用于提高交换机与交换机之间或交换机与服务器之间的连接带宽。10/100 Mbps 交换机之间的千兆连接将极大地提高网络带宽，使网络可以支持更多的 10 Mbps 或 100 Mbps 的网段；也可以通过在服务器中增加千兆网卡，将服务器与交换机之间的数据传输速率提升。千兆以太网标准被所有主要的网络产品厂商所支持，其中包括 HP、3COM、Cisco 等公司。

（3）千兆以太网的主要特点

① 简易性：千兆以太网继承了以太网、快速以太网的简易性，因此其技术原理、安装实施和管理维护都很简单。

② 扩展性：由于千兆以太网采用了以太网、快速以太网的基本技术，因此由 10 Base-T、100 Base-T 升级到千兆以太网非常容易。

③ 经济性：由于千兆以太网是 10 Base-T 和 100 Base-T 的继承和发展，一方面降低了研究成本，另一方面由于 10 Base-T 和 100 Base-T 的广泛应用，作为其升级产品，千兆以太网的大量应用只是时间问题。为了争夺千兆以太网这个巨大市场，几乎所有著名网络公司都生产千兆以太网产品，因此其价格将会逐步下降。千兆以太网与 ATM 等宽带网络技术相比，价格优势非常明显。

千兆以太网相比其他技术具有带宽的优势，并且仍具有发展空间，有关标准组织正在制订 10 Gbps 以太网络的技术规范和标准。伴随光纤制造和传输技术的进步，千兆以太网的传输距离可达上百千米，这使得其逐渐成为构建城域网乃至广域网络的一种技术选择。

4. 万兆以太网组网技术

万兆以太网不仅再度扩展了以太网的带宽和传输距离，而且使得以太网开始从局域网领域向城域网领域渗透。万兆以太网技术同以前的以太网标准相比，有很多不同，主要表现在以下方面。

① 万兆以太网可以提供广域网接口，可以直接在 SDH（Synchronous Digital Hierarchy，同步数字系列）网络上传送，这也意味着以太网技术将可以提供端到端的全程连接。之前的以太网设备与 SDH 传输设备相连的时候都需要进行协议转换和速率适配，而万兆以太网提供了可以与 SDH STM-64 相连的接口，不再需要额外的转换设备，保证了以太网在通过 SDH 链路传送数据时效率不降低。

② 万兆以太网的 MAC 子层只能以全双工方式工作，不再使用 CSMA/CD 的机制，只支持点对点全双工的数据传送。

③ 万兆以太网采用 64/66B 的线路编码，不再使用以前的 8/10B 编码。因为 8/10B 的编码开销达到 25%，如果仍采用这种编码，编码后传输速率要达到 12.5 Gbps，改为 64/66B 后，编码后数据传输速率只需 10.3125 Gbps。

④ 万兆以太网主要采用光纤作为传输介质，传输距离可延伸至 40 km。

在各种宽带光纤接入网技术中采用了 SDH 技术的接入网系统是应用最普遍的。目前已经制订的万兆以太网标准见表 3-2。其中 10 GBase-LX4 由 4 种低成本的激光源构成，且支持多模和单模光纤。10 GBase-S 使用 850 nm 光源的多模光纤标准，最远传输距离为 300 m，是一种低成本近距离的标准（分为 SR 和 SW 两种）。10 GBase-L 使用 1 310 nm 光源的单模光纤标准，最远传输距离为 10 km（分为 LR、LW 两种）。10 GBase-E 使用 1 550 nm 光源的单模光纤标准，最远传输距离为 40 km（分为 ER、EW 两种）。

表 3-2 万兆以太网标准

标准	应用范围	传输距离	光源波 K	传输介质
10 GBase-LX4	局域网	300 m	1 310 nm WWDM	多模光纤
10 Gliase-LX4	局域网	10 km	1 310 nm WWDM	单模光纤
10 GBase-SR	局域网	300 m	850 nm	多模光纤
10 GBase-LR	局域网	10 km	1 310 nm	单模光纤
10 GBase-ER	局域网	40 km	1 550 nm	单模光纤
10 GBasc-SW	广域网	300 m	850 nm	多模光纤
10 GBase-LW	广域网	10 km	1 310 nm	单模光纤
10 GBase-EW	广域网	40 km	1 550 nm	单模光纤
10 GBase-CX4	局域网	15 m	—	4 根 Twinax 线缆
10 GBase-T	局域网	25~100 m	—	双绞线

任务 2

选择和配置交换机

任务描述

交换机作为计算机局域网的关键设备，直接决定着局域网的性能和质量，因此在规划小型办公网络的时候，选择适当的交换机便显得非常重要。确定组网方案后，小李要考虑的问题是：选择哪种交换机？如何配置交换机使局域网更高效？

任务分析

在小型办公网络中，常见的有几台或几十台计算机，计算机通过综合布线系统与交换机连在一起，并通过交换机或路由器连到外部宽带网络上。因此交换机的选择和使用对网络系统的性能具有极为重要的影响。

交换机的选择除了要保证网络的使用安全，更要价钱合理，性能优异，需要在性能与适用性方面寻找一个平衡。很多小型网络的交换机都是桌面非网管型交换机，不需要配置，接上电源，插好网线就可以正常工作。网管型的交换机则需自己动手来配置。

小李根据公司计算机数量和后续可能的发展选择了一个核心网交换机（网管型），4 个接入层交换机（非网管型）及对应的无线 AP。

方法与步骤

1. 交换机的选择

什么样的交换机才最适合目前的应用呢？这需要考虑诸多因素，如工作环境，是否需要冗余，使用网管型还是非网管型，未来的维护和扩展性等。根据小李公司的小型网络应用需求，核心层选择网管型交换机，接入层选择非网管型 24 口桌面级交换机，就完全可以满足公司的网络连接及应用需求，非网管型交换机具有成本低、即插即用、易维护等特点。

2. 交换机的选购

交换机的选购需要注意参数是否能够满足局域网的需求。主要参数为：

（1）端口数量

端口数量是指网络能连接的计算机数量。现在市场上交换机比较多的是 8 口、16 口、24 口和 48 口交换机，可以根据网络内部计算机数量的多少来选择，而且在选购的时候还应该注意留有一些冗余的端口，以便日后增加计算机。

（2）背板带宽

背板带宽是指交换机接口处理器或接口卡和数据总线间所能吞吐的最大数据量。背板带宽标志了交换机总的数据交换能力，单位为 Gbps，也称为交换带宽，一般交换机的背板带宽从几 Gbps 到上百 Gbps 不等。一台交换机的背板带宽越高，处理数据的能力就越强。

（3）传输速率

交换机传输速率是指交换机端口的数据交换速率。目前常见的有 10 Mbps、100 Mbps 和 1 000 Mbps 等几类。在小型网络中，一般选择 10/100 Mbps 自适应交换机，带宽需求较大的可以选择千兆网络交换机。

（4）品牌质量

现在市场上的交换机品牌很多，如 H3C、华为、中兴、神州数码这些产品的质量和功能都比较好，价格比一般品牌的交换机贵一些。若要求性价比较高，可选择 D-LINK、TP-LINK

等品牌的产品。

3. 交换机的配置

大多数的交换机都是桌面非网管型交换机，不需进行任何配置，接上电源，插好网线就可以正常工作。若小李需要对网络访问及用户、流量等因素进行管理，那么就需要选择网管型交换机。

 相关知识

1. 交换机的分类

交换机的英文名称为"Switch"，也被称为交换式集线器。交换机对信息进行重新生成，经过内部处理后转发至指定端口，具备自动寻址和交换功能，交换机根据所传递数据包的目的地址，将每一数据包从源端口送至目的端口，避免和其他端口发生碰撞。它是集线器的升级产品。广义的交换机指在通信系统中完成信息交换功能的设备。

由于交换机具有许多优越性，所以它的应用范围和发展速度远远高于集线器，出现了各种类型的交换机，主要是为了满足各种不同应用环境需求。根据网络覆盖范围划分，交换机可分为广域网交换机和局域网交换机。广域网交换机主要应用于电信城域网互联、互联网接入等领域。局域网交换机就是常见的交换机。交换机类型可划分如下：

① 根据工作的协议层划分，交换机可分为第二层交换机、第三层交换机和第四层交换机。

② 根据交换机是否支持网络管理功能划分，交换机可分为网管型和非网管型两类。

2. 交换机数据转发方式

目前交换机在传送数据包时可以采用三种方式：直通交换方式、存储转发方式和碎片隔离方式，下面分别简述。

（1）直通交换方式

采用直通交换方式的以太网交换机可以理解为在各端口间是纵横交叉的线路矩阵电话交换机。它在输入端口检测到一个数据包时，检查该包的包头，获取包的目的地址，启动内部的动态查找表，找到相应的输出端口，将输入端与输出端接通，把数据包直通到相应的端口，实现交换功能。由于它只检查数据包的包头（通常只检查 14 个字节），不需要存储，所以具有延迟（延迟，是指数据包进入一个网络设备到离开该设备所花的时间）小、交换速度快的优点。

它的缺点主要有 3 个方面：①因为数据包内容并没有被以太网交换机保存下来，所以无法检查所传送的数据包是否有误，不能提供错误检测能力；②由于没有缓存，不能将具有不同速率的输入、输出端口直接接通，而且容易丢包。如果要连到高速网络上，如提供快速以太网（100 BASE-T）、FDDI 或 ATM 连接，就不能简单地将输入、输出端口"接通"，因为输入、输出端口间有速率上的差异，必须提供缓存；③当以太网交换机的端口增加时，交换矩阵变得越来越复杂，实现起来就越困难。

（2）存储转发方式

存储转发（Store and Forward）是计算机网络领域使用得最为广泛的技术之一，以太网交

换机的控制器先将输入端口到来的数据包缓存起来，先检查数据包是否正确，并过滤掉冲突包错误。确定包正确后，取出目的地址，通过地址表找到输出端口，然后将该包发送出去。正因如此，存储转发方式在数据处理时延迟大，这是它的不足，但是它可以对进入交换机的数据包进行错误检测，并且能支持不同速率的输入、输出端口间的交换，可有效地改善网络性能。它的另一优点就是这种交换方式支持不同速率端口间的转换，保持高速端口和低速端口间协同工作。实现的办法是将 10 Mbps 低速包存储起来，再通过 100 Mbps 速率转发到端口上。

（3）碎片隔离方式

这是介于直通交换方式和存储转发方式之间的一种解决方案。它在转发前先检查数据包的长度是否够 64B（512 b），如果小于 64B，说明是假包（或称残帧），则丢弃该包；如果大于 64B，则发送该包。该方式的数据处理速度比存储转发方式快，比直通式慢，但由于能够避免残帧的转发，所以被广泛应用于低档交换机中。

3. 交换机的工作原理

交换机是一种基于网卡 MAC 地址识别，能完成数据包的封袋、转发功能的网络设备。交换机可以"学习" MAC 地址，并把其存放在内部地址表中，通过在数据包的始发者和目标接收者之间建立临时的交换路径，使数据包直接由源地址到达目的地址。交换机在接收到数据包以后，首先会记录数据包中的源 MAC 地址和对应的接口到 MAC 表中，接着会检查自己的 MAC 表中是否有数据包中目标 MAC 地址的信息，如果有，则会根据 MAC 表中记录的对应接口将数据包发送出去（也就是单播），如果没有，则会将该数据包从非接收接口发送出去（也就是广播）。MAC 地址表用于存放连在网络上的结点的网卡 MAC 地址。当需要向目的地址发送数据时，交换机就可在 MAC 地址表中查找这个 MAC 地址的结点位置，然后直接向这个结点发送。

4. 集线器和交换机的区别

（1）从工作原理看

根据 OSI 参考模型，集线器（这里仅指非交换式单网段和多网段型）属于第一层（物理层）设备，而交换机属于第二层（数据链路层）设备，现在常见的第三层交换机为在第二层平台上提供 VLAN 和基于 IP 的路由和交换功能，而第四层交换机则为基于端口的应用。集线器只是对数据的传输起到同步、放大和整形的作用，对数据传输中的短帧、碎片等无法进行有效处理，不能保证数据传输的完整性和正确性，类似于一个大的总线型局域网；而交换机不但可以对数据的传输进行同步、放大和整形，而且可以过滤短帧、碎片，对数据包进行转发等。

（2）从工作方式来看

集线器采用广播模式工作，也就是说，集线器的某个端口发送数据时，其他所有端口都能够收到，容易产生广播风暴，并且每一个时刻只有一个端口发送数据。另外，安全性差，所有的网卡都能接收到所发数据包，只是非目的地网卡丢弃了数据包。当交换机工作的时候，只有发出请求的端口和目的端口之间相互响应，而不影响其他端口，因此交换机能够隔离冲突域和有效地抑制广播风暴的产生。

（3）从带宽来看

集线器不管有多少个端口，所有端口都是共享一条带宽线路，在同一时刻只能有一个端口传送数据，其他端口只能等待，同时集线器只能工作在半双工模式下。而对于交换机而言，每个端口都可以独占带宽，当两个端口工作时并不影响其他端口的工作，同时交换机不但可以工作在半双工模式下，而且可以工作在全双工模式下。

（4）从寻址方式来看

交换机工作于数据链路层，以 MAC 地址进行寻址，有一定的额外寻址开销，在数据流量较小时，时延可能相对数据传输时间而言较大。集线器工作于物理层，为广播方式传输数据，数据流量较小时，性能下降不明显，适合于共享总线型结构局域网。

5. 工作在不同层面上的交换机简介

（1）第二层交换机

第二层交换机是对应于 OSI 参考模型来定义的，它只能工作在 OSI 参考模型的第二层，即数据链路层。第二层交换机依赖于数据链路层中的信息（如 MAC 地址）完成不同端口数据间的线速交换，主要功能包括物理编址、错误校验、帧序列以及数据流控制。这是最原始的交换技术产品，承担的工作复杂性不是很强，又处于网络的低层，所以只需要提供最基本的数据链路功能即可，目前的桌面型交换机一般属于这种类型。

第二层交换机应用最为普遍（主要是由于价格便宜，功能符合中、小企业实际应用需求），一般应用于小型企业或中型以下企业网络的桌面层次。所有的交换机在协议层次上来说都可以向下兼容，也就是说，所有的交换机都能够工作在第二层。

第二层交换仍存在"广播风暴"的弱点，同时第二层交换不具有路由功能。正因如此，基于路由方式的第三层交换技术产生了。

（2）第三层交换机

第三层交换机工作于 OSI 参考模型的第三层，即网络层，它比第二层交换机功能更强。第三层交换机具有路由功能，可以根据 IP 地址进行路径选择，并实现不同网段间数据的线速交换。当网络规模较大时，可以根据特殊应用需求划分为小的独立 VLAN，以减小广播所造成的影响。通常这类交换机采用模块化结构，以适应灵活配置的需要。在大中型网络中，第三层交换机已经成为基本配置设备。

（3）第四层交换机

第四层交换机是采用第四层交换技术而开发出来的交换机产品，它工作于 OSI 参考模型的第四层，即传输层，直接面对具体应用。第四层交换机支持的协议是各种各样的，包括 HTTP、FTP、Telnet、SSL 等。

任务 3

实现网络连接

 任务描述

在确定组网方案并购买所需网络设备后，小李需要把公司局域网连接起来，实现资源共享，并使该局域网具有一定的管理功能。本任务将从网卡的安装、网络中计算机的 IP 地址配置、线缆制作、文件夹共享及权限设置等几个方面，逐步阐述小型局域网的建立及配置过程，最终实现网络互连互通及资源共享。

任务分析

因为该公司局域网覆盖范围不大，所以选择单一的组网技术，通过一台二层交换机连接一个对等网。交换机采用桌面非网管型。网中各台计算机需要进行共享设置和权限划分。

方法与步骤

1. 安装网卡

所有连网的计算机都需要安装网卡。目前，市面上销售的无论是台式计算机还是笔记本电脑，主板上都集成有网卡。因此，针对这种情况可忽略安装网卡这一步骤，直接连接网线和安装网卡驱动程序，然后设置网卡相关参数完成配置。

2. 制作双绞线

在进行网络连接时，小李选择的是双绞线，所以还需要按项目 2 任务 1 中的方法制作网线。

在组建网络布线的过程中应注意以下两点：

① 网络布线时，把每条双绞线都标注一个编号，并且双绞线的两端要标注相同的编号。为方便日后维护，双绞线每隔一定的距离最好也标注编号，特别是对于距离比较长的双绞线更需如此。

② 双绞线的两端最好预留 2~3 cm 的冗余长度，这样当水晶头发生故障时，这条线还有再利用的价值。

3. 连接网络

把制作好的网线连接到网卡和交换机上。其操作方法很简单，只要将双绞线的 RJ-45 接头直接插入网卡和交换机的端口即可。

4. 设置网卡

安装好网卡后重启系统，Windows 系统一般能自动识别并设置网卡。如果没有识别，可以打开"设备管理器"检查，若网卡工作正常，则在"网络适配器"中能看到网卡的图标（注意：图标上必须既无"×"也无"！"，否则可能是被禁用或工作不正常）。

5. 网络中计算机设置及规划

公司为了充分利用各部门计算机中的数据资源和打印机资源，要求联网，各部门员工可共享资源。但是为保证计算机和资源的安全，要限制本部门员工和外部门员工使用资源的权限，以满足不同部门的不同人员对共享资源的使用需求。为了实现公司需求，小李还需采用 NTFS 文件系统格式，建立共享资源所需的文件夹，将管理员用户 Administrator 更名并设置密码，使所有用户只能用自己的用户名登录计算机，并设置用户使用文件夹和打印机权限。

（1）计算机基本设置

计算机基本设置见表 3-3。

（2）文件夹规划

各部门计算机共享资源文件夹结构如图 3-2 所示。

表 3-3　计算机基本设置

部门	计算机名	管理员	初始密码	IP 地址	子网掩码
财务部	CWK	Admincw	cwl23456	192.168.1.5	255.255.255.0
销售部	XSHK	Adminxsh	xsh123456	192.168.1.10	255.255.255.0
市场部	SHCH	Adminsc	sc123456	192.168.1.20	255.255.255.0
办公室	BGSH	Adminbg	bg123456	192.168.1.30	255.255.255.0

注：管理员初始密码设置后交给各部门负责人掌握。

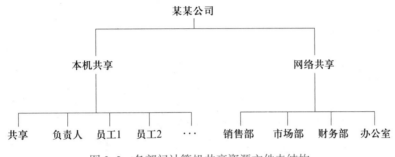

图 3-2　各部门计算机共享资源文件夹结构

（3）权限规划

各部门的共享文件夹权限设置见表 3-4。

表 3-4　各部门共享文件夹权限

		本机共享			网络共享			
		公共	负责人	员工	财务	销售	市场	办公室
用户	负责人	读写	读写	只读	对自己部门目录读写，其他只读			
	员工	只读	禁读	读写	只读			

6. 设置 IP 地址

具体 IP 地址的设置方法已在项目 2 中讲述过，这里就不再赘述。各个计算机的具体 IP 地址参见表 3-3。

7. 设置网络标识

右击"此电脑"，选择"属性"命令，可以查看有关计算的基本信息。在"计算机名、域和工作组设置"中会标注该计算机在网络中的名称以及所在的域或工作组，如图 3-3 所示。单击"更改设置"链接，可以改变计算机的名称以及所在的域或工作组，如图 3-4 所示。需要注意的是，局域网中的所有计算机必须隶属于同一工作组。单击"确定"按钮，完成对网络标识的设置，再进行各设备间的测试。

8. 设置共享资源

打开"Windows 资源管理器"窗口，找到要设置成共享资源的文件夹，右击相应的图标，选择"属性"命令，进入设置资源属性的对话框，如图 3-5 所示。

图 3-3 网络标识

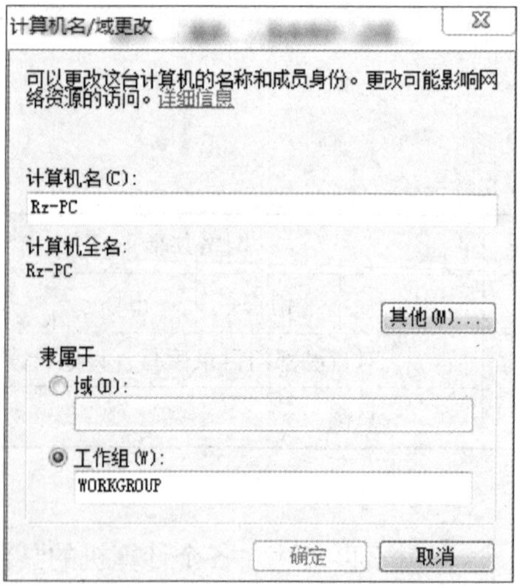

图 3-4 更改网络标识

图 3-5 "高级共享"对话框

　　勾选"共享此文件夹",输入共享名,并可通过单击"权限"按钮打开资源的权限对话框,进行共享权限设置。权限设置完成后返回"高级共享"对话框,单击"确定"按钮完成设置共享资源。

相关知识

1. 设置用户权限

（1）添加和删除用户

① 添加用户的步骤如下：

右击"此电脑"，在弹出的快捷菜单中选择"管理"命令，弹出"计算机管理"窗口，单击"计算机管理"→"系统工具"→"本地用户和组"命令，在右侧窗口右击"用户"，选择"新用户"，在弹出的对话框中输入用户名、全名、描述，并可输入密码和选择用户登录计算机时的密码方式，单击"创建"按钮，最后关闭窗口。

② 删除用户的步骤如下：

在"计算机管理"窗口中，单击"计算机管理"→"系统工具"→"本地用户和组"→"用户"命令，在右侧窗口中右击要删除的用户名，在弹出的快捷菜单中选择"删除"命令，单击"是"按钮完成操作。

（2）添加和删除用户组

① 添加组的步骤如下：

操作如前，在"本地用户和组"的右侧窗口中，右击"组"，选择"新建组"命令，输入组名、描述，单击"创建"按钮，最后关闭窗口。

② 删除组的步骤如下：

操作如前，在"本地用户和组"→"组"命令窗口中，右击要删除的组名，选择"删除"命令，单击"是"按钮完成操作。

（3）将用户添加和移出到用户组

① 添加用户到组中的步骤如下：

操作如前，在"本地用户和组"→"组"的右侧窗口中右击组名，选择"添加到组"命令，在弹出的对话框中，单击"添加"→"高级"→"立即查找"按钮，选择用户名，最后根据提示单击"确定"按钮完成操作。

② 从组中删除用户的步骤如下：

操作如前，在"本地用户和组"→"组"的右侧窗口中右击组名，选择"属性"命令，在弹出的对话框中选择要删除的用户，单击"删除"→"确定"按钮。

2. 共享打印机

（1）取消禁用 Guest 用户

在"计算机管理"窗口中找到"本地用户和组"→用户"Guest"。双击"Guest"，打开"Guest 属性"窗口，确保"账户已禁用"选项没有被勾选。

（2）设置打印机共享

① 在"控制面板"→"设备和打印机"中，找到想共享的打印机（前提是打印机已正确连接，驱动已正确安装），在该打印机上右击，选择"打印机属性"命令。

② 切换到"共享"选项卡，勾选"共享这台打印机"，并且设置一个共享名。

③ 在系统托盘的网络连接图标上右击，选择"打开网络和共享中心"。

④ 选择使用的网络是家庭、工作还是公用网络，然后单击"高级共享设置"。

⑤ 设置"启用网络发现""启用文件和打印机共享""关闭密码保护共享"。

⑥ 右击"计算机"选择属性，在属性界面单击"更改设置"，在弹出的计算机名选项卡里单击"更改"按钮，记住计算机名，注意工作组名称要跟工作组中其他计算机一致。

3. 使用网络打印机

连接、安装、配置网络打印机。

① 将网络打印机的接口（一般是 RJ–45 口）用网线与交换机的 RJ–45 接口相连接。

② 在网络打印机的控制面板中按说明书设定 IP 地址、子网掩码和网关。

③ 保证打印机是正常连通在网络上的。首先要测试一下，在命令提示符窗口输入"ping 网络打印机的 IP 地址"。

④ 确定网络连通，以后就开始连接网络打印机。

⑤ 在"控制面板"→"设备和打印机"中单击"添加打印机"，选择"添加网络、无线或 Bluetooth 打印机"。

⑥ 进入"正在搜索可用的打印机"。这里搜索需要很长的时间，所以建议单击"我需要的打印机不在列表中"。

⑦ 在"按名称或 TCP/IP 地址查找打印机"下面单击"按名称选择共享打印机"。

⑧ 在"打印机名称"里面给打印机添加名字。

⑨ 至此，打印机已添加完毕，如有需要用户可单击"打印测试页"，测试一下打印机是否能正常工作，也可以直接单击"完成"按钮退出此窗口。

任务4
组建小型无线局域网

 任务描述

小李公司销售部规模扩大，工作人员迅速增加，工位增加了十余个，在同一楼层有一个小办公室，一个大办公室，总共需要增加信息点20个，小李应该如何把新增设备连接到原有网络中？

任务分析

由于装修时没有充分考虑信息点的冗余，布线数量远远不够，即使交换机级联也要穿墙打孔，严重影响到办公室整体效果，甚至会需要二次装修。显然，重新进行综合布线不是很合适，因此计划采用无线局域网进行部署。

方法与步骤

1. 用户需求分析

（1）原有网络情况分析

小李公司原有网络为 100 Base-TX 星状网络，采用 24 口交换机，为网络拓展留有一定的冗余。网络设置为一个 C 类私有网络（网段为 192.168.10.0，子网掩码为 255.255.255.0），IP 地址能够满足扩容的需求。

（2）需求分析

为满足网络连网、扩容和工作实际需求，需要在一大一小两个办公室增加 30 个信息点（在 20 个信息点的基础上留一定富余量），要求保证目前装修的效果不被破坏，花销不要过大。经过深入分析和研究对比，决定采用无线组网的方式把新的信息点连接到原有有线网络，可以解决网络扩容的问题，也不会对目前装修造成负面影响。

2. 网络拓扑规划

新增无线网络后的网络拓扑结构如图 3-6 所示。

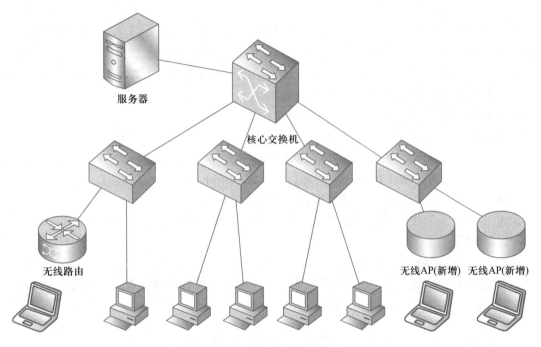

图 3-6　公司网络拓扑规划

3. 网络设备选择

根据网络设计原则，网络设备选择华为 AP 4050DN 作为室内无线接入点。

华为 AP 4050DN 支持 IEEE 802.11a/b/g/n/ac 标准，是一款经济适用型无线 AP（Access Point），具有网络部署简单、可靠、安全、自动上线和配置、实时管理和维护等特点，满足网络部署要求。由于支持 IEEE 802.11ac 标准，可使无线网络带宽突破千兆，极大地改善了用户的无线网络使用体验。AP 4050DN 也可同时工作在 AP 和桥接等混合模式下。在 FIT AP 模式下，可连接不超过 256 台无线设备，在 FAT AP 模式下，可连接不超过 64 台无线设备。

根据网络规划的需要，AP 4050DN 可以灵活地在 FAT AP 和 FIT AP 两种工作模式间切换。当客户的无线网络初始规模较小时，客户只需采购 AP 设备，并设置其工作模式为 FAT AP 模式。随着客户网络规模的不断增大，当网络中应用的 AP 设备达到几十甚至上百台时，为降低网络管理的复杂度，建议客户采购无线控制器设备，便于集中管理网络中的所有的 AP 设备，此时需要将其 AP 工作模式切换到 FIT AP 模式。

4. 网络组建

（1）硬件安装

室内无线 AP 安装位置尽量隐蔽，不妨碍日常工作。在进行工程设计时，应根据通信网络规划和通信设备的技术要求，综合考虑气候、水文、地质、地震、电力、交通等因素，选择符合通信设备工程环境设计要求的位置。一般通过钣金安装件直接装在墙壁或者天花板上，因此设备的具体安装位置由安装方式确定，设备四周至少预留 200 mm 空间。

（2）登录设备

可以通过三种方法登录设备，即通过 Console 口登录设备、通过 Telnet 登录设备和通过 Web 网管客户端登录设备。

配置用户通过 HTTP 登录设备之前，确认终端与设备之间路由可达。选择的这款 AP 出厂时已开启 Web 网管，默认 IP 地址为 169.254.1.1，子网掩码为 255.255.0.0。Web 网管的默认用户名为 admin，密码为 admin@huawei.com。成功登录后建议修改默认用户名和密码。只有 FAT AP 模式支持通过 Web 网管客户端登录设备。

通过 Web 网管客户端登录设备步骤如下：

① 将设备的 GE 接口连接到计算机。

② 在计算机上打开 Web 浏览器，在地址栏中直接输入 http：//169.254.1.1，按 Enter 键后将显示登录界面。选择 Web 网管系统的语言，并输入 Web 网管账号和密码。此时可以从地址栏中看到，当前的登录页面已跳转到 HTTPS 的登录页面。

③ 单击"登录"按钮或直接按 Enter 键即可进入 Web 网管系统主页面，此时可以对设备进行管理和维护。

（3）配置无线局域网

① 依次单击"配置向导"→"配置向导"→"WLAN 配置向导"，进入"WLAN 配置向导"界面，配置以太网接口，如图 3-7 所示。

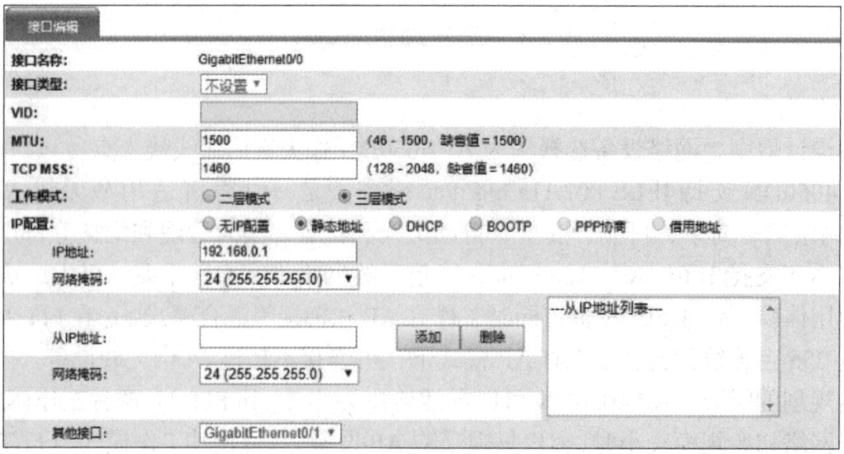

图 3-7　配置以太网接口

② 如图 3-8 所示，依次输入或选择各项参数，配置以太网接口，也可修改已配置的虚拟接口，虚拟接口 IP 地址与有线网络位于同一网段。

图 3-8 配置或修改虚拟接口

③ 如图 3-9 所示，单击"新建"按钮，新建 DHCP 地址池，依次输入或选择各项参数，在"地址池列表"中，单击地址池表项右侧图标，可以修改地址池配置。

④ 选择 AP 的国家码。

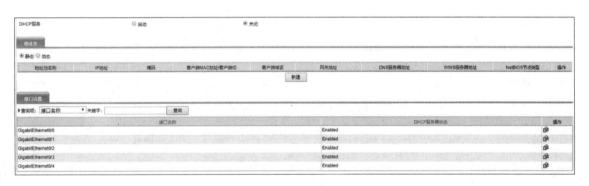

图 3-9 配置 DHCP

⑤ 选择相关参数，配置射频，如图 3-10 所示。

⑥ 选择搜索项，按搜索项搜索结果，或者单击"新建"按钮，依次输入或选择各项参数，如图 3-11 所示。

⑦ 查看所配置的接入互联网的详细信息，单击"完成"按钮完成配置。

⑧ 设置完成后就可以通过无线网络查找相应的无线名称进行连接，连接完成后就可以访问网络了。

上述配置完成后，网络无线覆盖基本配置完成。

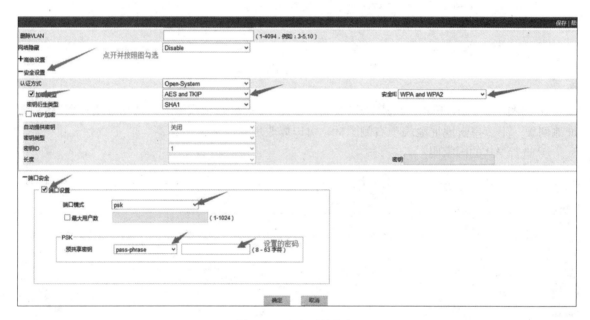

图 3-10　配置射频

图 3-11　配置无线业务

 相关知识

1. 什么是无线局域网

无线局域网是计算机网络与无线通信技术结合的产物。从专业角度讲，无线局域网利用了无线多址信道的方法来支持计算机之间的通信。通俗地说，无线局域网（Wireless Local Area Network，WLAN）就是在不采用传统线缆的同时，提供以太网或者令牌网络的功能。通常计算机组网的传输介质主要依赖铜缆或光缆，构成有线局域网。但有线网络在某些场合要受到布线的限制：布线、改线工程量大，线路容易损坏，网中的各结点不可移动。特别是当要把相距较远的结点连接起来时，铺设专用通信线路的布线施工难度大、费用高、耗时长，无法满足迅速扩大的连网需求。无线局域网就是解决有线网络以上问题而出现的。

2. 无线局域网的优点与局限性

（1）无线局域网的优点

① 安装便捷。一般在网络建设中，施工周期最长、对周边环境影响最大的，就是网络布线施工工程。在施工过程中，往往需要破墙掘地、穿线架管。而无线局域网最大的优势就是免去或减少了网络布线的工作量，一般只要安装一个或多个无线接入点（Access Point，AP）设备，就可建立覆盖整个建筑或地区的局域网络。

② 使用灵活。在有线网络中，网络设备的安放位置受网络信息点位置的限制。而一旦无线局域网建成后，在无线网的信号覆盖区域内任何一个位置都可以接入网络。

③ 经济节约。由于有线网络缺少灵活性，这就要求网络规划者尽可能地考虑未来发展的需要，这就往往导致预设大量利用率较低的信息点。而一旦网络的发展超出了设计规划，又要花费较多费用进行网络改造，而无线局域网可以避免或减少以上情况的发生。

④ 易于扩展。无线局域网有多种配置方式，能够根据需要灵活选择。这样，无线局域网就能胜任从只有几个用户的小型局域网到上千用户的大型网络。由于无线局域网具有多方面的优点，所以发展十分迅速。在最近几年里，无线局域网已经在医院、商场、工厂和学校等不适合网络布线的场所得到了广泛应用。

（2）无线局域网的局限性

① 传统的有线局域网通过使用光纤中继器可以达到数千米的传输范围，而无线局域网的传输范围一般只有几百米。

② 无线局域网的最大传输速率低于有线局域网。

③ 多径传播引起的干扰会限制吞吐量，电磁干扰也会影响传输。

3. WLAN 与 WiFi

WiFi 是无线保真的缩写。WiFi 的英文全称为"Wireless Fidelity"，在无线局域网的范畴是指"无线相容性认证"，实质上是一种商业认证。就目前的情况来看，WiFi 已被公认为 WLAN 的代名词。但要注意的是，这二者之间有着根本的差异：WiFi 是一种无线局域网产品的认证标准；而 WLAN 标准则是无线局域网的技术标准，二者都保持着同步更新的状态。

4. 无线局域网的技术标准

目前国际上有三大标准，即美国的 IEEE 802.11 系列，欧洲电信标准协会（ETSI）的高性能局域网 HiperLAN 系列和日本无线工业及商贸联合会（ARIB）的移动多媒体接入通信 MMAC。2003 年 5 月，两项 WLAN 中国标准已正式颁布。这两项国家标准在原则采用 IEEE 802.11/802.11b 系列标准前提下，在充分考虑和兼顾 WLAN 产品互连互通的基础上，针对 WLAN 的安全问题，给出了技术解决方案和规范要求。IEEE 802.11 系列标准是 WLAN 的主流标准。

5. 无线 AP 分类

AP 可以看作传统有线网络中的集线器，也是组建小型无线局域网时最常用的设备。AP 相当于一个连接有线网和无线网的桥梁，其主要作用是将各个无线网络客户端连接到一起，然后将无线网络接入以太网。

大多数的无线 AP 都支持多用户接入、数据加密、多速率发送等功能，一些产品更提供了完善的无线网络管理功能。对于家庭、办公室这样的小范围无线局域网而言，一般只需一台无线 AP 即可实现所有计算机的无线接入。AP 的室内覆盖范围一般为 30~100 m，不少厂商的 AP 产品可以互连，以增加 WLAN 的覆盖面积。也正因为每个 AP 的覆盖范围都有一定的限制，正如手机可以在基站之间漫游一样，无线局域网客户端也可以在 AP 之间漫游。

无线 AP 通常可以分为"胖"AP（FAT AP）和"瘦"AP（FIT AP）两类，不是以外观来区分，而是从其工作原理和功能上来区分。当然，部分"胖""瘦"AP 在外观上确实能分辨，如有 WAN 口的一定是"胖"AP。"胖"AP 除了前面提到的无线接入功能外，一般还同时具备 WAN、LAN 端口，支持 DHCP 服务器、DNS 和 MAC 地址克隆、VPN 接入、防火墙等安全功能，通常有自带的完整操作系统，是可以独立工作的网络设备，可以实现拨号、路由等功能。"瘦"AP，形象地理解就是把"胖"AP 瘦身，去掉路由、DNS、DHCP 服务器等诸多加载的功能，仅保留无线接入的部分。我们常说的 AP 就是指这类"瘦"AP，它相当于无线交换机或者集线器，仅提供一个有线 / 无线信号转换和无线信号接收 / 发射的功能。"瘦"AP 作为无线局域网的一个部件，是不能独立工作的，必须配合无线控制器（AC）的管理才能成为一个完整的系统。目前很多无线 AP 同时具有 FAT AP 与 FIT AP 的模式，即可在 FAT AP 和 FIT AP 两种模式下工作，从而使无线接入点的选择更加灵活。

6. 无线 AP 与无线路由器的区别

无线 AP，也就是无线接入点，简单来说就是无线网络中的无线交换机，它是移动终端用户进入有线网络的接入点，主要用于家庭宽带、企业内部网络部署等，无线覆盖距离为几十米至上百米。一般的无线 AP 还带有接入点客户端模式，也就是说 AP 之间可以进行无线连接，从而可以扩大无线网络的覆盖范围。单纯型 AP 由于缺少了路由功能，相当于无线交换机，仅提供无线信号发射的功能，它的工作原理是：网络信号通过双绞线传送过来，经过无线 AP 的编译，将电信号转换成为无线电信号发送出来，形成无线网络的覆盖。根据不同的功率，网络覆盖范围也是不同的，一般无线 AP 的最大覆盖半径可达 400 m。

扩展型 AP 就是我们常说的无线路由器。无线路由器，顾名思义就是带有无线功能的路由器，它主要应用于无线接入。通过路由功能，可以实现家庭无线网络中的 Internet 连接共享，也能实现 ADSL 和小区宽带的无线共享接入。值得一提的是，可以通过无线路由器把无线和有线连接的终端都分配到一个子网，使得子网内的各种设备可以方便地交换数据。

思考与练习

一、填空题

1. 局域网常用的拓扑结构有_____、_____和_____。

2. 100 Mbps 以太网用双绞线连接，跨距可达_____ m。

3. 在采用了全双工技术后能扩展网段距离的局域网标准是_____。

4. 在 IEEE 802.3 的标准网络中，10 Base-TX 所采用的传输介质是_____。

5. 以太网 10 Base-T 标准中，数据传输速率为_____。

6. 局域网与 OSI 参考模型对应的层次有_____、_____。

二、选择题

1. 在（　　）网中，每一台设备可以同时是客户机和服务器，网络中的所有设备可以直接访问数据、软件和其他网络资源。

    A. 对等
                            B. 客户机/服务器

    C. 浏览器/服务器
                     D. 无盘工作站

2. 组建计算机网络的最大目的是（　　）。

    A. 进行可视化通信
                   B. 资源共享

    C. 发送电子邮件
                     D. 使用更多的软件

3. 要想组建一个无线局域网，下列（　　）是一定需要的。

    A. 交换机
          B. 路由器
          C. 无线AP
          D. 防火墙

4. 无线局域网的传输介质是（　　）。

    A. 无线电波
          B. 红外线
          C. 载波电流
          D. 卫星通信

5. 无线局域网的最初协议是（　　）。

    A. IEEE 802.11
     B. IEEE 802.5
     C. IEEE 802.3
     D. IEEE 802.2

6. 1 000 Base-T 标准使用五类非屏蔽双绞线，其最大长度为（　　）。

    A. 550 m
          B. 100 m
          C. 3 000 m
          D. 300 m

7. 下面关于以太网的描述中正确的是（　　）。

    A. 数据是以广播方式发送的

    B. 所有结点可以同时发送和接收数据

    C. 两个结点相互通信时，第3个结点不检测总线上的信号

    D. 网络中有一个控制中心，用于控制所有结点的发送和接收

8. 在二层交换局域网中，交换机通过识别（　　）地址进行交换。

    A. IP
          B. MAC
          C. PIX
          D. Switch

9. 如果两台交换机直接用双绞线相连，其中一端采用了"白橙/橙/白绿/蓝/白蓝/绿/白棕/棕"的线序，另一端选择哪一种线序排列是正确的？（　　）

    A. 白橙/橙/白绿/绿/白蓝/蓝/白棕/棕

    B. 白绿/绿/白橙/橙/白蓝/蓝/白棕/棕

    C. 白绿/绿/白橙/蓝/白蓝/橙/白棕/棕

    D. 白橙/橙/白绿/蓝/白蓝/绿/白棕/棕

10. 路由选择协议位于（　　）。

    A. 物理层
                   B. 数据链路层

    C. 网络层
                   D. 应用层

11. 以太网交换机的最大带宽（　　）。

    A. 等于端口带宽
                B. 大于端口带宽的总和

    C. 等于端口带宽的总和
            D. 小于端口带宽的总和

三、问答题

1. 局域网有哪些特点？

2. 快速以太网有哪几种组网方式？各有什么特点？

3. 二层交换机和三层交换机在功能上有什么区别？

4. 在双绞线以太网中，其连接导线只需要两对线：一对线用于发送，另一对线用于接收。但现在的标准是使用 RJ-45 连接器，这种连接器有 8 根针脚，一共可连接 4 对线，这是否有些浪费？

5. 在对等网中，除了文件与目录可以共享之外，其他资源是否也可以共享？

项目 4

组建中型网络

 情景故事

　　育才中学在部分楼宇内部单独组建了网络，它们主要分布在办公楼、教学楼、图书馆、实验楼。另外，还有部分楼宇需要建立网络，它们分别是教师宿舍、学生宿舍、食堂、体育馆、实验楼的部分实验室。

　　随着学校办学规模的扩大，校园的规模也随之扩大，建成了新校区。新校区需要进行新的网络建设，新网络要求接入学校现有网络中，建成统一的校园网。本项目通过对育才中学网络建设过程的描述，介绍如何组建中型网络。

◆◆ 项目说明

　　本项目涉及校园网络的组建，校园网络是非常典型的中型网络建设实施的案例。为了阐明主要问题，在本项目中我们对实际校园网的设计进行了适当和必要的简化。

　　在校园网络的规划与设计方面，将重点放在网络需求分析设计和总体设计方面。同时，还涉及综合布线设计的相关内容。在校园网络的具体实施方面涉及一些关键的技术，如 VLAN 技术、交换机及路由器的互连技术以及全网络的互连互通技术等，对于其他内容只进行简单介绍。

 学习目标

1. 会进行网络系统的需求分析与结构设计。
2. 会进行交换机 VLAN 的划分，实现网络间的安全隔离。
3. 掌握区域内实现网络连接的设备的连接方式及配置方法。
4. 会利用三层交换实现 VLAN 间的通信，实现全网络的互连互通。
5. 了解进行区域无线局域网络覆盖的简单设计方法。

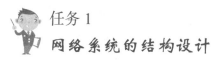

任务1

网络系统的结构设计

任务描述

育才中学已陆续在部分楼宇内部单独组建了网络。在组建统一校园网络时，既要最大限度保证原有投资不浪费，又要能满足学校不断发展的需求，就一定要先做好网络相关的需求分析工作。接下来进行校园网络系统建设方案的总体设计和详细设计，为后期的网络连通实施做好充分准备。

任务分析

按照校园网系统的实际需求，设计一个技术先进、扩展性强、能覆盖全校主要楼宇的校园主干网络，将学校的各种终端设备和局域网连接起来，并与有关广域网相连，为学校各类人员提供充分的网络信息服务。系统设计将本着总体规划、分步实施的原则，充分体现系统的技术先进性、安全可靠性，同时具有良好的开放性、可扩展性。

此次任务需要我们进行三方面的工作，包括：

① 针对育才中学对校园网络的功能需求，做出相关的需求分析。

② 依据做出的需求分析，进行育才中学校园网络的总体设计。

③ 在总体设计的基础上，进行详细设计，包括综合布线设计、交换模块设计等。

方法与步骤

1. 需求分析

为组建校园网，首先需要进行网络需求分析，可按以下步骤开展。

（1）明确建网目的和基本目标

① 访谈学校管理层、校园网络管理人员及教师、学生代表，收集用户需求。

② 明确学校需要通过组建网络解决什么样的问题。

③ 明确网络设计目标。典型网络设计目标包括：加强合作交流，共享重要数据资源，加强对包括人力资源在内的各种资源的调控能力，降低电信及网络成本（指与语音、数据、视频等独立网络有关的开销）等。

④ 明确网络设计项目范围。此项目是设计新网络还是扩建、改建网络；网络规模是一个网段、一个（组）局域网、一个广域网，还是远程网络或一个完整的校园网/企业网。

⑤ 明确用户的网络应用。可通过完成表 4-1 所示的网络应用调查表来调查学校对网络应用的需求。

（2）分析网络约束

① 政策约束。与学校讨论并了解其办公政策和技术发展路线、网络建设的适用协议、标准等。

表 4-1　网络应用调查表

用户身份：_____

调查项目	当前及未来 3~5 年的应用需求	重要性	备注
期望的操作系统			
期望的办公系统			
期望的数据库系统			
打印、传真和扫描业务			
邮件系统的主要应用			
网站系统的主要应用			
内网的主要应用			
外网的主要应用			
所有的应用系统及要求			
其他应用需求			
安全类型			
Internet 安全			
数据完整性			

　　② 预算约束。了解学校在网络建设方面的预算，网络设计的一个目标应是控制预算。预算包括设备采购、软件购买、系统维护和测试、工作人员培训、系统设计和安装的费用等，还应考虑信息费用及可能的外包费用。

　　（3）考察网络的物理布局

　　到现场实地查看并了解学校网络建设的位置、距离、环境，以便为综合布线系统设计奠定基础。

　　（4）分析网络各项技术指标

　　根据数据、语音、视频及多媒体信号的流量等因素对通信负载进行估算，以确定所要采用的网络标准。

　　（5）调查用户的设备要求和现有的设备类型

　　了解用户数量、现有网络设备情况以及还需设备的配置类型、数量等。

　　（6）分析网络安全需求

　　根据国家网络安全保护制度，结合学校实际需求，确定学校网络安全等级。设计网络安全方案。根据需要选用不同类型的网络安全设备，以及采取必要的安全措施。

　　（7）形成需求分析报告

　　网络需求报告除反映上述调查分析结果外，还应介绍当前网络应用的技术背景，介绍行业应用的方向和技术趋势。报告还应包括综合布线系统、网络平台、网络应用的需求分析，为下一步制订网络方案打好基础。

育才中学网络建设的需求分析

　　网络在学校日常教学办公环境中起着至关重要的作用，校园网的运作模式会带来大量动态应用数据传输，网络中会产生各种应用服务器要求接入高速网络（目前为 100/1 000 Mbps，今后可能会更高）的需求。这就要求校园网络有足够的主干带宽和扩展能力。同时，一些新的应用类型，如网络教学、视频直播 / 广播等，也对网络提出了支持多点广播和宽带高速接入的要求。

　　除上述考虑外，还要注意到，由于逻辑上业务网和管理网需要隔离，所以建成后校园网应能提供多个网段的划分和隔离，并能做到灵活改变配置，以适应教学办公环境的调整和变化，并实现移动教学办公的要求。同时，对于有特殊访问限制的网络应用或服务器进行访问限制。

　　按目前通常的考虑，建议数据信息点的接入以 100/1 000 Mbps 自适应以太网端口接入为主，以供带宽需求较高用户使用。整个方案设计的目的是建设一个集数据传输和备份、多媒体应用、语音传输、OA 应用和互联网访问于一体的高可靠、高性能的多媒体校园网。

　　强调网络信息安全问题，它不仅涉及黑客、漏洞、入侵、病毒等外来攻击安全问题，而且还涉及保密、授权等内部安全问题。因此，在加强外部网络安全防范的同时，对于校园网内部同样应加强网络安全防范机制。

　　综上所述，育才中学的校园网络设计方案应满足以下功能需求：

　　① 满足计算机教学科研、行政办公需要。提供各种教学、办公工具和支撑平台，并提供丰富的计算机软硬件系统资源。

　　② 具有完善的办公事务处理能力，包括电子公文传递、电子公文管理、电子邮件等无纸化办公功能。

　　③ 满足信息情报交流的需要，方便学校各级领导和教学科研人员对各种信息资料、科技情报的检索和查阅，包括 Web 查询、电子公告、电子新闻等。

　　④ 具有远程通信能力。借助互联网以最低的通信成本，方便地实现多区域网络互连、网络远程接入等。加强各部门、师生等不同用户之间的业务联系和信息资源共享。

　　⑤ 具有收集、处理、查询、统计各类信息资源的能力，充分利用数据资源，为学校领导提供准确、快捷的数字信息，实现信息化管理和智能化决策。

　　⑥ 确保计算机网络系统及应用系统等的可靠性、安全性，具有一定的冗余设计，容错能力强，确保信息处理安全保密。

　　⑦ 保证学校信息系统的实用性及技术先进性，便于非计算机专业人员使用，并能适当满足学校未来业务发展的需要，具有较强的扩展能力。

2. 网络的逻辑结构设计

　　在网络的逻辑结构设计中应明确网络用户的分类、分布，选定特定的网络组网技术（以太网、快速以太网等），形成特定的网络拓扑结构，绘制设备互连及分布情况的逻辑拓扑。在逻辑结构设计中不对具体的物理位置和运行环境进行确定。选择拓扑结构时，应该考虑网络建设的经济性、灵活性和可靠性。

　　（1）通信子网规划设计

　　一般中型局域网采用分层结构设计，网络层次结构主要是根据功能要求的不同将局域网划分为相应层次，普遍采用的层次结构为三层结构（核心层、汇聚层、接入层）。

（2）资源子网设计

资源子网负责全网的数据处理业务，向网络用户提供各种网络资源与网络服务。因此资源子网规划主要是关于服务器的规划。

服务器接入方案主要有以下几种：千兆以太网端口接入，并行快速以太网冗余接入，普通接入。

育才中学网络的逻辑结构设计

育才中学校园网将覆盖全校的工作区域。以学校的网络中心为全网中心，采用千兆以太网技术，将全校的计算机及已有的局域网全部连网。对于数据、图形、语音、视频等信息都有较好的传输效果，使得教学、科研、管理等网络应用能够平滑高效地在校园网上运行。整个网络要求设计成为 Intranet/ Internet 应用模式，具有高速、开放、安全、易于管理的特点。

整个校园网以位于实验楼的网络中心为核心，通过光纤按照星状结构连接至各楼宇，从而构成整个校园网的主干。主干网要求采用千兆以太网技术。各楼宇中采用星状或树状结构将楼宇中的信息点接入校园网中。全校信息点的网络带宽将视其应用的性质选用不同的接入设备，实现 100 Mbps 甚至 1 000 Mbps 到桌面。

育才中学校园网也需要能够通过专线、xDSL 技术等互联网接入方式与中国教育信息网连接，为学校师生提供 Internet 互联网接入服务。同时为保证网络安全及用户用网体验，需要从内部校园网到外部互联网的访问过程中，通过防火墙、上网行为管理等设备实现安全审查和流量管理等功能。

育才中学校园网网络拓扑结构如图 4-1 所示。

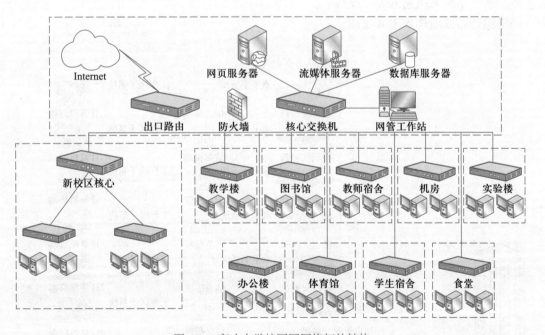

图 4-1　育才中学校园网网络拓扑结构

（3）VLAN 划分与 IP 地址分配

为了避免网络中因广播风暴对网络运行造成影响，采用 VLAN 技术在逻辑上对网络进行隔离。

IP 地址分配也是网络规划设计中的要点之一。地址分配方案将直接影响网络的可靠性、稳定性和可扩展性等重要性能。校园网作为中型网络，需要采用 B 类私有 IP 地址。

根据育才中学网络设计方案（如图 4-1 所示）对 IP 地址进行划分。首先根据预估信息点数量确定要使用的 IP 地址类型，其次可按照办公楼、教学楼、图书馆等位置对 IP 地址进行初步划分，再根据实际具体应用进行详细划分，最后将划分好的 IP 地址与相应的 VLAN 进行对应，最终完成 VLAN 划分与 IP 地址分配。

3. 物理网络设计

物理网络设计是对逻辑网络设计的物理化过程，为网络项目实施提供了所需的信息。物理网络设计的任务主要包括：结构化布线系统设计，机房环境设计，设备选型和网络实施。

设计综合布线系统依据的标准主要包括：EIA/TIA 568A、EIA/TIA 568B 标准和 ISO/IEC 11801 标准；工业和信息化部"大楼通信综合布线系统"相关的规范；"建筑与建筑群综合布线系统"相关规范等。

（1）结构化布线系统设计

通过实地勘察，结合育才中学建筑物用途、结构及建筑物内信息点数量，确定在建筑物内每层或每两到三层放置接入交换机。每栋建筑物第一层的交换机作为每栋建筑物的汇聚交换机连接各个楼层交换机，保证各个信息点能够接入校园网中。

建筑物即大楼内部的布线，原则上是垂直干线系统采用光缆，水平系统采用超五类双绞线。但一般在具体的实施过程中垂直干线即楼宇内交换机互连汇聚多采用六类双绞线或超五类双绞线连接，水平系统采用超五类双绞线。

楼宇综合布线结构如图 4-2 所示。

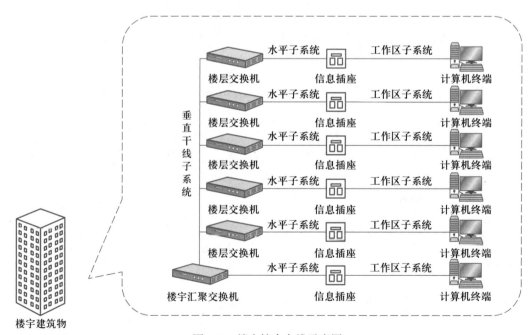

图 4-2 楼宇综合布线示意图

（2）机房环境设计

中心机房工程整体建设一般包括以下几个方面：综合布线、抗静电地板铺设、棚顶墙体装修、隔断装修、UPS 电源、专用恒温恒湿空调、机房环境及动力设备监控系统、新风系统、漏水检测、地线系统、防雷系统、门禁、监控、消防、报警、屏蔽工程等。

育才中学网络中心作为校园网网络核心。在新的校园网建成以后，网络核心设备、服务器及数据存储设备将会被放置在中心机房。为了保证校园网稳定、安全运行，将会对现有网络中心进行升级改造。改造完成后需要保证有足够的机柜空间用以安置交换机、路由器、防火墙及服务器存储等网络核心设备。

为保证设备稳定运行，要求电力供应充分稳定、环境清洁、远离粉尘和油烟、远离强震源和噪声源、避开强电磁干扰；温度保证在 20 ± 2℃，相对湿度为 45%~65%；机房设备有良好的接地、防雷等装置。同时对原有网络中心的网络设备及线缆进行整理标记，为后续网络接入及设备配置做准备。

（3）设备选型

在物理设计阶段，依据需求说明书、通信规范说明书和逻辑网络设计说明书来选择设备的品牌与型号。设备选型时应从以下几个方面来进行考虑：产品技术指标，成本因素（购置成本、安装成本、使用成本），与原有设备的兼容性，产品的延续性，设备的可管理性，厂商的技术支持，产品的备品备件库，综合满意度分析等。

相关知识

1. 网络设计及建设原则

校园网络系统的设计、实施，要一切从实际出发，依照以下原则进行：

（1）总体规划，分步实施，基础设施建设一步到位

考虑到学校资金、计算机应用的现状、教职工的现有计算机水平以及网络和应用系统开发的固有规律，学校网络系统的建设应该分步实施。但基础设施建设（主要指综合布线系统的建设），应采用一步到位的办法。

（2）注重应用系统的建设

建设校园网络的目的是为了更好地为学校的教学及办公服务，所以要特别注重应用系统的建设。应用系统的覆盖范围相当广泛，大致功能需求包括：校园网内部网站应用、网络教学和远程教学系统、计算机辅助教学系统、办公自动化系统和管理信息系统等。

（3）综合考虑技术的先进性、未来可扩展性和经济性

先进性指的是系统的硬件和软件不落后，并能在相当长的时间内发挥极大的作用，而不仅仅看现在的网络建设中包含了多少新的或较为先进的技术。

系统的可扩展性是指系统的硬件和软件对未来技术的包容能力和现实的扩充能力，主要表现为系统的结构是否开放，其重要性远远超过具体的设备是否开放和冗余。

只有把当前先进性、未来可扩展性和经济性有机地结合起来，才能保证一个系统具有长久的生命力，才能够满足网络发展的需求。

（4）对接国家和行业标准

符合标准，其实是系统具有开放性的前提条件。当今时代是一个强调开放的时代，也是一个强调标准的时代，只有这样才能为网络的应用、维护提供便利。

2. 网络的分层设计原则

逻辑上中型网络可分为核心层、汇聚层和接入层，如图 4-3 所示。

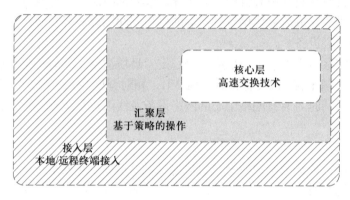

图 4-3　中型网络层次结构

层次化设计的优点可以总结为如下几点：

• 可扩展性：网络可以以模块化的形式进行扩充而不会对整个网络产生影响。

• 简单性：通过对网络进行物理或逻辑划分，降低网络整体复杂性。能有效隔离广播风暴的传播，使故障排除更容易，同时避免环路等问题出现。

• 设计的灵活性：使网络容易升级到最新的技术，升级任意层次的网络不会对其他层次造成影响，无须改变整个网络环境。

• 可管理性：层次结构使单个设备配置的复杂性大大降低，更易管理。

（1）核心层

核心层是网络的高速交换主干，对整个网络的连通起到至关重要的作用。核心层应该具有如下几个特性：可靠性、高效性、冗余性、容错性、可管理性、适应性、低延时性等。在核心层中，应该采用高带宽的千兆以上交换机，因为核心层是网络的枢纽中心，重要性突出。核心层设备采用双机冗余热备份是非常必要的，也可以使用负载均衡功能，来改善网络性能。

（2）汇聚层

汇聚层是连接核心层与接入层的中间层，在工作站接入核心层前先做流量汇聚，以减轻核心层设备处理数据流量的负荷。汇聚层具有实施策略、安全、工作组接入、虚拟局域网（VLAN）之间的路由、源地址或目的地址过滤等多种功能。在汇聚层中，应该选用支持三层交换技术和VLAN 技术的交换机，以达到网络隔离和分段的目的。

（3）接入层

接入层向本地网段提供工作站接入。在接入层中能够向工作组提供高速带宽。接入层可以选择不支持 VLAN 技术和三层交换技术的普通交换机。

3. 综合布线系统

综合布线系统是一个模块化的开放系统，主要由 7 个子系统组成。

（1）工作区子系统

工作区子系统指建筑物内水平范围内的个人办公区域，是放置应用系统终端设备的地方。它将用户的通信设备连接到综合布线系统的信息插座上。该系统硬件构成包括信息插座、插座盒（或面板）、连接软线以及适配器或连接器等连接附件。目前，最常用的信息插座有双绞线的 RJ-45 插座和连接电话线的 RJ-11 插座。

（2）水平子系统

水平子系统指从楼层配线间至工作区用户信息插座（FD-TO）之间的部分。由用户信息插座、水平电缆、配线设备等组成。水平布线子系统是整个布线系统的一部分，它将干线子系统线路延伸到用户工作区。水平布线子系统与干线子系统的区别在水平布线子系统总是处在一个楼层上，并端接在信息插座上。

系统中常用的传输介质是 4 对 UTP（非屏蔽双绞线），它能支持大多数现代通信设备，并根据速率灵活选择线缆。在速率为 10~100 Mbps 时一般采用五类或超五类双绞线，在速率高于 100 Mbps 时，采用光纤或六类双绞线。水平子系统一般是指从楼层接线间的配线架至工作区的信息点的实际长度，双绞线长度要求在 90 m 内。

（3）管理子系统

管理子系统指楼层配线间（FD）。管理子系统由配线设备、输入/输出设备等组成，为其他子系统连接提供接口。允许将通信线路定位或重定位到建筑物的不同部分，以便能更容易地管理通信线路。

（4）垂直（干线）子系统

垂直子系统又称为干线子系统，负责连接管理子系统到设备间子系统，实现主配线架与中间配线架，计算机、PBX、控制中心与各管理子系统间的连接，该子系统由所有的布线电缆组成，或由导线和光缆以及将此光缆连接到其他地方的相关支撑硬件组合而成。

（5）设备间子系统

设备间子系统又称为网络中心或机房。由电缆、连接器和相关支撑硬件组成，是在建筑物适当地点进行网络管理和信息交换的场地。主要设备有计算机网络设备、服务器、防火墙、路由器、程控交换机、楼宇自控设备主机等。

（6）进线间子系统

进线间是建筑物外部通信和信息管线的入口部位，进线间是 GB 50311 国家标准在系统设计内容中专门增加的。进线间一般通过地埋管线进入建筑内部，宜在土建阶段实施。

在实施时，进线间缆线入口处的管孔数量应满足建筑物之间、外部接入业务及多家电信业务经营者缆线接入的需求，并预留有 2~4 孔的余量。

（7）建筑群子系统

建筑群子系统指群楼布线系统（CD），它将一个建筑物中的电缆延伸到建筑群的另外一些建筑物中的通信设备和装置上。它是整个布线系统中的一部分（包括传输介质），并支持提供楼群之间通信设施所需的硬件，其中有导线电缆、光缆和防止电缆的浪涌电压进入建筑物的电气保护设备。与外界公共交换网络的连接部分包括与电信局等通过光缆或电缆的连接。

综合布线系统示意图如图 4-4 所示。

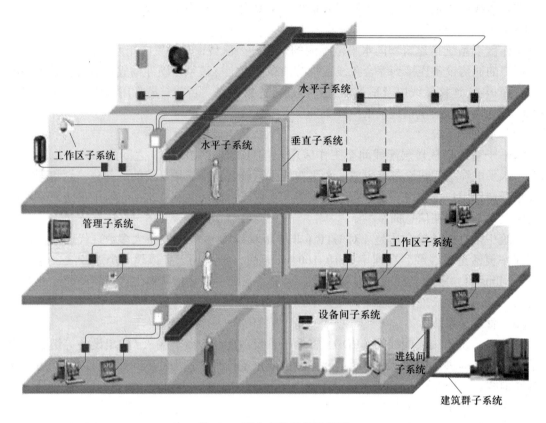

图 4-4 综合布线系统示意图

任务 2
网络间的安全隔离

任务描述

育才中学网络未扩建之前经常出现网络不稳定的情况，若实验室或机房网络出现问题将会影响到其他用户，造成网络缓慢甚至断网。通过此次升级改造需要对网络在逻辑上进行隔离，从而保证网络有效稳定运行。

原先学校实验楼中有两个实验室位于同一楼层，位置相邻。一个是计算机软件实验室，一个是多媒体实验室。两个实验室各有计算机 20 台，所有计算机都通过双绞线连接到位于计算机软件实验室的一台 48 口交换机上，而且之前 IP 地址也划分在了同一网段。

在以往的使用过程中，一旦其中一个实验室出现某台计算机中病毒、网络环路等故障时，两个实验室的网络将陷入瘫痪状态。为了能够让两个实验室的网络同时稳定运行，而且互不干扰，在不改变现有实验室网络连接方式及主机 IP 地址设置的情况下，作为网络管理员该如何将两个实验室的网络相互隔离?

任务分析

为了保证两个实验室在运行过程中网络互不影响，同时又不改变原有的网络配置，就需要将两个实验室的网络在逻辑上进行隔离。这时我们可以使用虚拟局域网技术（即 VLAN 技术），将两个实验室的网络划分为两个不同的 VLAN，将交换机不同的端口划分到两个实验室的 VLAN 中，这样就能保证它们之间的数据互不干扰，也不影响各自的通信。

要完成这个任务，需要了解 VLAN 原理，并能熟练掌握二层交换机 VLAN 的划分方法，最后还要了解如何验证 VLAN 的划分。

方法与步骤

1. 设备选择与连接

本任务所需设备包括二层交换机一台，个人计算机两台（PC1、PC2），配置线一根，直通网线两根。

任务拓扑图如图 4-5 所示。

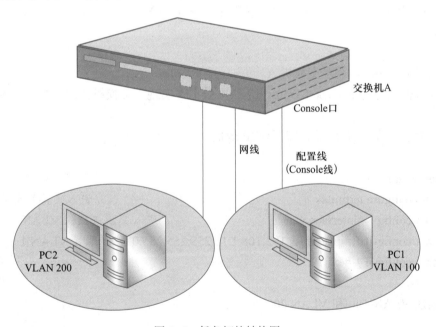

图 4-5　任务拓扑结构图

2. 方案规划与验证

使用一台交换机和两台个人计算机（PC1、PC2），将其中 PC1 作为控制台终端，使用 Console 口配置方式；使用两根网线分别将 PC1 和 PC2 连接到交换机的 RJ-45 接口上。在交机上将不同的端口分别划分到 VLAN 100 和 VLAN 200 中，端口分配见表 4-2。

表 4-2 VLAN 端口划分表

VLAN	端口成员
100	1~4
200	5~8

配置完成后应使 VLAN 100 的成员能够互相访问，VLAN 200 的成员能够互相访问，VLAN 100 和 VLAN 200 成员之间不能互相访问。

交换机、PC1 和 PC2 的网络设置见表 4-3。

表 4-3 设备网络设置表

设备	IP 地址	子网掩码
交换机 A	192.168.1.11	255.255.255.0
PC1	192.168.1.101	255.255.255.0
PC2	192.168.1.102	255.255.255.0

如果 PC1、PC2 均连接在 VLAN 100 的成员端口 1~4 上，两台计算机互相可以 ping 通；如果 PC1、PC2 均连接在 VLAN 200 的成员端口 5~8 上，两台计算机互相可以 ping 通；如果 PC1 连接在 VLAN 100 的成员端口 1~4 上，PC2 连接在 VLAN 200 的成员端口 5~8 上，则两台计算机互相 ping 不通。

3. 设备配置

（1）通过 Console 口登录交换机 A

本次任务使用思科的 Packet Tracer 6.2 版本模拟器实现，交换机使用模拟器中的 2960 完成配置。

（2）给交换机设置 IP 地址，即管理 IP 地址

```
switch>enable                                      // 进入交换机特权视图模式
switch#configure terminal                          // 进入交换机全局配置模式
switch（config）#interface vlan 1                   // 进入交换机默认 VLAN——VLAN 1
switch（config-if）#ip address 192.168.1.11 255.255.255.0   // 配置 VLAN 1 管理 IP 地址
switch（config-if）#exit                            // 退出 VLAN 1
```

（3）创建 VLAN 100 和 VLAN 200

```
switch（config）#vlan 100                           // 创建 VLAN 100
switch（config-vlan）#name rjsys                    // 将 VLAN 100 命名为 rjsys
switch（config-vlan）#exit
switch（config）#vlan 200                           // 创建 VLAN 200
switch（config-vlan）#name dmtsys                   // 将 VLAN 200 命名为 dmtsys
```

switch（config-vlan）#exit

switch（config）#

（4）给 VLAN 100 和 VLAN 200 添加端口

switch（config）#interface range fastEthernet 0/1-4	// 进入 1~4 端口组
switch（config-if-range）#switchport access vlan 100	// 将 1~4 端口加入 VLAN 100
switch（config-if-range）#exit	// 退出端口组
switch（config）#interface range fastEthernet 0/5-8	// 进入 5~8 端口组
switch（config-if-range）#switchport access VLAN 200	// 将 5~8 端口加入 VLAN 200
switch（config-if-range）#exit	// 退出端口组

（5）验证配置

switch#show vlan　　　　　　　　　　　　　　　　　　　　　　// 显示 VLAN 配置情况

VLAN	Name	Status	Ports
1	default	active	Fa0/9，Fa0/10，Fa0/11，Fa0/12
			Fa0/13，Fa0/14，Fa0/15，Fa0/16
			Fa0/17，Fa0/18，Fa0/19，Fa0/20
			Fa0/21，Fa0/22，Fa0/23，Fa0/24
			Gig0/1，Gig0/2
100	rjsys	active	Fa0/1，Fa0/2，Fa0/3，Fa0/4
200	dmtsys	active	Fa0/5，Fa0/6，Fa0/7，Fa0/8

验证情况见表 4-4。

表 4-4　验 证 结 果

PC1 位置	PC2 位置	动作	结果
1~4 口		PC1 ping 192.168.1.11	不通
5~8 口		PC1 ping 192.168.1.11	不通
9~24 口		PC1 ping 192.168.1.11	通
1~4 口	1~4 口	PC1 ping PC2	通
1~4 口	5~8 口	PC1 ping PC2	不通
1~4 口	9~24 口	PC1 ping PC2	不通

 相关知识

1. VLAN 概述

（1）VLAN 的概念

VLAN 是为解决以太网的广播问题和安全性而提出的一种协议。它是在以太网帧的基础上增加了 VLAN 头，用 VLAN ID（VLAN 编号）把用户划分为更小的工作组，限制不同工作组间的用户互访。每个工作组构成一个虚拟局域网，把同一物理局域网内的不同用户逻辑地划分成不同的广播域。每一个 VLAN 都包含一组有着相同需求的计算机工作站，与物理上形成的 LAN 有着相同的属性。由于它是从逻辑上划分，而不是从物理上划分，所以同一个 VLAN 内的各个工作站没有限制在同一个物理范围中，这些工作站可以在不同物理 LAN 网段。

由 VLAN 的特点可知，一个 VLAN 内部的广播和单播流量都不会转发到其他 VLAN 中，从而有助于控制流量，减少设备投资，简化网络管理，提高网络的安全性。VLAN 除了能将网络划分为多个广播域，从而有效地控制广播风暴的发生，以及使网络的结构变得非常灵活外，还可以用于控制网络中不同部门、不同站点之间的互相访问。

（2）VLAN 的优点

① 防范广播风暴，限制网络上的广播。VLAN 的划分可以减少参与广播风暴设备数量，防止广播风暴波及整个网络。同一 VLAN 组中的设备或用户可以在一个交换网中跨多个交换机进行相互访问，而不同的 VLAN 中的广播则不会送到 VLAN 之外，这样就可以减少广播风暴对网络的影响。

② 增强局域网的安全性。含有敏感数据的用户组可以通过 VLAN 在逻辑上与网络的其余部分隔离，降低泄露机密信息的可能性。不同 VLAN 间的报文在传输时是相互隔离的，如果要进行通信，需要通过路由器或三层交换机等三层设备来实现。

③ 降低成本。成本高昂的网络升级需求减少，将会提高现有带宽和上行链路的利用率，达到节约成本的目的。

④ 性能提高。网络被划分为多个逻辑工作组（广播域）可以减少网络上不必要的流量，并提高性能。

⑤ 网络管理效率提高。因为将有相似网络需求的用户划分到同一个 VLAN 后，可通过 VLAN 对这些用户进行统一管理。因此，VLAN 为网络管理带来了方便。

⑥ 应用管理方便。通过 VLAN 的配置将用户和网络设备聚合到一起，实现商业或地域等需求的支持，使得职能划分、项目管理或特殊应用的处理都变得十分方便。例如，可以轻松管理教师的电子教学开发平台。此外，也很容易确定升级网络服务的影响范围及定位网络故障。

⑦ 增加网络连接的灵活性。借助 VLAN 技术能将不同地点、不同网络、不同用户组合在一起，形成一个虚拟的网络环境，就像使用本地 LAN 一样方便、灵活、有效。VLAN 可以使移动或变更工作站地理位置变得更加容易。

（3）组建 VLAN 的条件

VLAN 是建立在物理网络基础上的一种逻辑子网，因此建立 VLAN 需要相应的支持 VLAN 技术的网络设备。当网络中的不同 VLAN 间进行相互通信时，需要路由的支持，这就

需要增加路由设备。要实现路由功能，既可采用路由器，也可采用三层交换机来完成。

（4）VLAN 的划分方式

① 根据端口划分 VLAN。利用交换机的端口来划分 VLAN 成员，可将同一交换机或不同交换机的若干端口划分到相同或不同的 VLAN 中。例如，将交换机的 1、2、3、4、5 端口划分到 VLAN 100，同一交换机的 6、8 端口划分到 VLAN 200。这样做允许同一 VLAN 各端口之间的通信。

以交换机端口来划分网络成员，其配置过程简单明了。因此，从目前来看，这种根据端口来划分 VLAN 的方式仍然是最常用的一种。

② 根据 MAC 地址划分 VLAN。根据每个主机的 MAC 地址来划分，即根据每个主机 MAC 地址将主机划分到 VLAN 中。这种划分 VLAN 方法的最大优点就是当用户物理位置移动时，即从一个交换机换到其他的交换机时，VLAN 不用重新配置。

这种方法的缺点是初始化时，所有的用户都必须进行配置。如果有几百个甚至上千个用户，配置时工作量将变得非常大。而且，每一个交换机的端口都允许存在多个 VLAN 组的成员，这种划分的方法就导致了交换机执行效率的降低，无法实现对广播包的限制。

③ 根据网络层划分 VLAN。这种划分 VLAN 的方法是根据每个主机的网络层地址或协议类型（如果支持多协议）划分的。虽然这种划分方法是根据网络地址，如 IP 地址，但它不是路由，与网络层的路由毫无关系。

这种方法的优点是用户的物理位置改变时，不需要重新配置所属的 VLAN。不需要附加的帧标签来识别 VLAN，可以减少网络的通信量。

这种方法的缺点是效率低，因为检查每一个数据包的网络层地址是需要消耗处理时间的（相对于前面两种方法）。一般交换机芯片都可以自动检查网络上数据包的以太网帧头，但要让芯片能检查 IP 帧头，则需要更高的技术支持，检测耗时也更多。

④ 根据规则划分 VLAN。也称为基于策略的 VLAN。这是最灵活的 VLAN 划分方法，具有自动配置的能力。能够把相关的用户连成一体，在逻辑划分上称为"关系网络"。网络管理员只需在网管软件中确定划分 VLAN 的规则（或属性），那么当一个站点加入网络中时，将会被"感知"，并自动地被包含进正确的 VLAN 中。同时，对站点的移动和改变也可自动识别和跟踪。

⑤ 根据用户划分 VLAN。基于用户定义、非用户授权来划分 VLAN，是指为了适应特别的 VLAN 网络，根据具体的网络用户的特别要求来定义和设计 VLAN。可以让非 VLAN 用户访问 VLAN，但是需要提供用户密码，在得到 VLAN 管理的认证后才可以加入一个 VLAN。

以上划分 VLAN 的方式中，基于端口的方式建立在物理层上，MAC 方式建立在数据链路层上，网络层方式建立在网络层上，规则和用户方式建立在应用层上。

2. 交换机的基本命令

交换机提供了用户模式和特权模式两种基本的命令执行级别，同时还提供了全局配置、接口配置、Line 配置和 VLAN 配置等多种级别的配置模式，以允许用户对交换机的资源进行配置和管理。

（1）用户模式

当用户通过交换机的 Console 端口或 Telnet 会话连接并登录到交换机时，此时所处的命令执行模式就是用户模式。在该模式下，只执行有限的一组命令，这些命令通常用于查看显示系统信息、改变终端设置和执行一些最基本的测试命令，如 ping、traceroute 等。

用户模式的命令状态行为：switch >

其中的 switch 是交换机的主机名，对于未配置的交换机默认的主机名是 switch。在用户模式下，直接输入？并按回车键，可获得在该模式下允许执行的命令帮助。

（2）特权模式

在用户模式下，执行 enable 命令，将进入特权模式。

特权模式的命令状态行为：switch#

```
switch>enable
switch#
```

在该模式下，用户能够执行 IOS 提供的所有命令。在该模式下输入？，可获得允许执行的全部命令的提示。离开特权模式，返回用户模式，可执行 exit 或 disable 命令。重新启动交换机，可执行 reload 命令。

（3）全局配置模式

在特权模式下，执行 configure terminal 命令，即可进入全局配置模式。

全局配置模式的命令状态行为：switch（config）#

```
switch#config terminal
switch（config）#
```

在该模式下，只要输入一条有效的配置命令并按回车键，内存中正在运行的配置就会立即改变并生效。该模式下的配置命令的作用域是全局性的，对整个交换机起作用。

在全局配置模式，还可进入接口配置、Line 配置等子模式。从子模式返回全局配置模式，执行 exit 命令；从全局配置模式返回特权模式，执行 exit 命令；若要退出任何配置模式，直接返回特权模式，则要直接使用 end 命令或按 Ctrl+Z 组合键。

例如，要设交换机名称为 student1，可使用 hostname 命令来设置，其配置命令为：

```
switch（config）#hostname student1
student1（config）#
```

若要设置或修改进入特权模式的密码为 123456，则配置命令为：

```
student1（config）#enable secret 123456 或 student1（config）#enable password 123456
```

其中 enable secret 命令设置的密码在配置文件中是加密保存的，强烈推荐采用该方式；而 enable password 命令所设置的密码在配置文件中是采用明文保存的。

对配置进行修改后，为了使配置在下次掉电重启后仍生效，需要将新的配置保存到 NVRAM 中，其配置命令为：

```
switch（config）#exit
switch#write
```

（4）接口配置模式

在全局配置模式下，执行 interface 命令，即进入接口配置模式。在该模式下，可对选定的接口（端口）进行配置，并且只能执行配置交换机端口的命令。

接口配置模式的命令状态行为：switch（config-if）#

例如，要设置 Cisco Catalyst 2950 交换机的 0 号模块上的第 3 个快速以太网端口的端口通信速率为 100 Mbps，全双工方式，则配置命令为：

```
student1（config）#interface fastethernet 0/3
student1（config-if）#speed 100                    // 设置接口速率
student1（config-if）#duplex full                  // 设置接口双工方式
student1（config-if）#end
student1#write                                     // 保存配置
```

3. 配置命令详解

（1）vlan

命令：vlan <vlan-id>

　　　no vlan <vlan-id>

功能：创建 VLAN 并且进入 VLAN 配置模式。在 VLAN 模式中，用户可以配置 VLAN 名称和为该 VLAN 分配交换机端口；本命令的 no 操作为删除指定的 VLAN。

参数：<vlan-id> 为要创建 / 删除的 VLAN 的 VID，取值范围为 1~4 094。

命令模式：全局配置模式。

默认情况：交换机默认只有 VLAN 1。

使用指南：VLAN 1 为交换机的默认 VLAN，用户不能配置和删除 VLAN 1。

举例：创建 VLAN 100，并且进入 VLAN 100 的配置模式。

```
switch（config）#vlan 100
switch（config-vlan100）#
```

（2）name

命令：name <vlan-name>

　　　no name

功能：为 VLAN 指定名称，VLAN 的名称是对该 VLAN 一个描述性字符串；本命令的 no

操作为删除 VLAN 的名称。

参数: <vlan-name> 为指定的 VLAN 名称字符串。

命令模式: VLAN 配置模式。

默认情况: 默认 VLAN 名称为 VLAN xxx, 其中 xxx 为 VID。

使用指南:交换机提供为不同的 VLAN 指定名称的功能, 有助于用户记忆 VLAN, 方便管理。

举例: 为 VLAN 100 指定名称为 TestVLAN。

switch（config-vlan100）#name TestVLAN

（3）switchport interface

命令: switchport interface <interface-list>

　　　no switchport interface <interface-list>

功能: 给 VLAN 分配以太网端口的命令; 本命令的 no 操作为删除指定 VLAN 内的一个或一组端口。

参数: <interface-list>　要添加或者删除的端口的列表, 支持 ";" "-", 如 ethernet 0/0/1; 2; 5 或 ethernet 0/0/1~6; 8。

命令模式: VLAN 配置模式。

默认情况: 新建立的 VLAN 默认不包含任何端口。

使用指南: access 端口为普通端口, 可以加入 VLAN, 但同时只允许加入一个 VLAN。

举例: 为 VLAN 100 分配百兆以太网端口 1, 3, 4~7, 8。

switch（config-vlan100）#switchport interface ethernet 0/0/1; 3; 4-7; 8

（4）switchport access vlan

命令: switchport access vlan <vlan-id>

　　　no switchport access vlan

功能: 将当前端口加入指定 VLAN。

参数: <vlan-id> 为要加入的 VLAN 的 VID。

命令模式:端口配置模式。

默认情况: 端口默认属于 VLAN 1。

使用指南:默认情况下交换机所有端口都隶属于 VLAN 1, 新建 VLAN 只有在将端口加入 VLAN 后, 端口所属 VLAN 才会由 VLAN 1 变更为相应的 VLAN。同时, 只有属于 access mode 的端口才能加入指定的 VLAN 中, 并且 access 端口只能加入一个 VLAN。

举例: 将端口 5 加入 VLAN 100 中。

switch（config）#interface ethemet 0/0/5

switch（config-ethemet0/0/5）#switchport access vlan 100

switch（config-ethemet0/0/5）#exit

（5）interface vlan

命令：interface vlan vlan-id

功能：进入交换机虚拟接口（switch virtual interface，SVI）。

参数：<vlan-id>VLAN 编号，范围由具体设备决定（一般为 1–4 094）。

命令模式：全局配置模式。

使用指南：该命令也属于视图的导航命令，当 vlan-id 对应的交换机虚拟接口存在的时候，该命令的作用是进入对应的交换机虚拟接口；当 vlan-id 对应的交换机虚拟接口不存在时，则会创建该对应的虚拟接口，并进入交换机虚拟接口，前提条件是该 vlan-id 对应的 vlan 已经创建存在，否则命令会提示错误信息。

（6）ip address

命令：ip address ip-address network-mask

　　　no ip address ip-address network-mask

功能：配置交换机管理 IP 地址 / 配置交换机（路由器）接口 IP 地址。

参数：<ip-address>IP 地址，以点分十进制形式表示。<network-mask> 子网掩码，以点分十进制形式表示。

命令模式：VLAN 接口模式 / 端口接口模式。

使用指南：交换机默认情况下是没有管理 IP 地址的，可以用 no 选项取消所设置的 IP 地址。在二层交换机上，只有三层口（SVI 接口即为三层口）才能设置 IP 地址，而且二层交换机不支持次 IP 地址（即一个接口上的第二个 IP 地址，在某些设备上，一个接口上可以配置多个 IP 地址，一个主 IP 地址，其余为次 IP 地址）。

任务 3

区域内的网络连接

任务描述

在育才中学网络建设中，学校实验楼中各实验室计算机终端数量为 40~60 台，单个 24 口交换机无法满足实验室中所有计算机终端设备的网络接入需求，因此需要将多个交换机进行互连，以满足实验室中所有计算机终端接入网络的端口需求。其中部分实验室会出现计算机终端设备通过不同的交换机接入网络的现象。

为了保证网络稳定运行需要采用 VLAN 技术完成实验室网络隔离。针对实验室中计算机终端跨交换机接入网络的情况，需要满足相同 VLAN 的终端设备能够相互通信，而不同 VALN 间的终端设备无法通信的要求。针对上述要求，该如何实现计算机终端跨交换机的 VLAN 划分及通信？

任务分析

在网络中不可能由单个交换机构成整个网络，必然会根据网络规模的大小来选择使用交换机的数量。因此就面临交换机互连的问题，级联与堆叠是目前应用比较广泛的交换设备互连技术，级联与堆叠都可以实现网络密度的扩充。

网络密度扩充后，在网络 VLAN 划分的过程中就不可避免地会出现相同 VLAN 跨交换机的情况，这时就需要通过 VLAN 中的 trunk 端口将交换机进行互连，保证不同交换机上相同 VLAN 中的设备能够相互访问。

方法与步骤

1. 设备的选择与连接

本任务所需设备包括交换机 2 台，直通网线 4 根，交叉线 1 根，计算机 4 台（PC1、PC2、PC3、PC4），配置线 2 根。

任务拓扑图如图 4-6 所示。

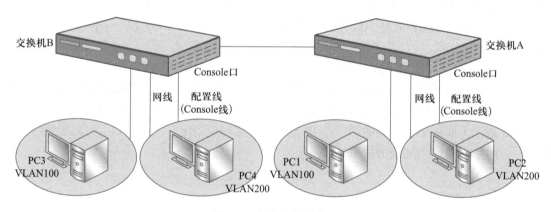

图 4-6　任务拓扑结构图

2. 方案规划与验证

在交换机 A 和交换机 B 上分别划分两个基于端口的 VLAN 100、VLAN 200。通过交叉线连接两台交换机的 24 号端口，实现交换机级联，24 号端口则为 trunk 端口。VLAN 端口分配见表 4-5。

表 4-5　VLAN 端口分配表

VLAN	端口成员
100	1~8
200	9~16
trunk 端口	24

配置完成后应使交换机之间 VLAN 100 的成员能够互相访问，VLAN 200 的成员能够互相访问。交换机、计算机的网络设置见表 4-6。

表 4-6　设备网络设置

设备	IP 地址	子网掩码	所属 VLAN
交换机 A	192.168.1.11	255.255.255.0	
交换机 B	192.168.1.12	255.255.255.0	
PC1	192.168.1.101	255.255.255.0	VLAN 100
PC2	192.168.1.102	255.255.255.0	VLAN 200
PC3	192.168.1.103	255.255.255.0	VLAN 100
PC4	192.168.1.104	255.255.255.0	VLAN 200

PC1、PC3 分别接在交换机 A 和交换机 B 中 VLAN 100 的成员端口 1~8 上，两台计算机互相可以 ping 通；PC2、PC4 分别接在交换机 A 和交换机 B 中 VLAN 200 的成员端口 9~16 上，两台计算机互相可以 ping 通。PC1、PC2 接在不同 VLAN 的成员端口上，两台计算机互相 ping 不通；PC3、PC4 接在不同 VLAN 的成员端口上，两台计算机互相 ping 不通。

3. 设备的配置

（1）通过 Console 口登录交换机

本次任务使用思科的 Packet Tracer 6.2 版本模拟器实现，交换机使用模拟器中的 2 960 完成配置。

（2）给交换机设置标示符和管理 IP 地址

交换机 A：

```
switch（config）#hostname switchA                           //设置交换机名称
switchA（config）#interface vlan 1
switchA（config-if-vlanl）#ip address 192.168.1.11 255.255.255.0
switchA（config-if-vlanl）#no shutdown                       //开启 VLAN
switchA（config-if-vlanl）#exit
```

交换机 B：

```
switch（config）#hostname switchB
switchB（config）#interface vlan 1
switchB（config-if-vlanl）#ip address 192.168.1.12 255.255.255.0
switchB（config-if-vlanl）#no shutdown
switchB（config-if-vlanl）#exit
```

（3）在交换机中创建 VLAN 100 和 VLAN 200，并添加端口

交换机 A：

```
switchA（config）#vlan 100                                   //创建 VLAN 100
```

switchA（config-vlan）#exit

switchA（config）#vlan 200   // 创建 VLAN 200

switchA（config-vlan）#exit

switchA（config）#interface range fastethernet 0/1-8   // 进入 1~8 端口组

switchA（config-if-range）#switchport access vlan 100   // 将 1-8 端口加入 VLAN 100

switchA（config-if-range）#exit   // 退出端口组

switchA（config）#interface range fastethernet 0/9-16   // 进入 9~16 端口组

switchA（config-if-range）#switchport access vlan 200   // 将 9~16 端口加入 VLAN 200

switchA（config-if-range）#exit   // 退出端口组

交换机 B：配置与交换机 A 相同。

（4）设置交换机 trunk 端口

交换机 A：

switchA（config）# interface fastethernet 0/24   // 进入交换机 24 端口

switchA（config-if）#switchport mode trunk   // 将端口设置成 trunk 端口

switchA（config-if）#exit

交换机 B：配置与交换机 A 相同。

（5）验证配置

交换机 A ping 交换机 B 的结果如下：

switchA#ping 192.168.1.12

type Ac to abort.

sending 5 56-byte ICMP Echos to 192.168.1.12，timeout is 2 seconds.

！！！！！

success rate is 100 percent（5/5），round-trip min/avg/max = 1/1/1 ms

switchA#

表明交换机之前的 trunk 链路已经成功建立。按表 4-7 进行验证，PC1、PC2 插在交换机 A 上，PC3、PC4 插在交换机 B 上。

表 4-7 验 证 结 果

ping 结果	PC1	PC2	PC3	PC4
PC1（交换机 A：1~8 口）		不通	通	不通
PC2（交换机 A：9~16 口）	不通		不通	通
PC3（交换机 B：1~8 口）	通	不通		不通
PC4（交换机 B：9~16 口）	不通	通	不通	

 相关知识

1. 级联

级联指两台或两台以上的交换机通过一定的方式相互连接，根据需要将多台交换机进行连接。在较大的局域网，如园区网（校园网）中，多台交换机一般形成总线型、树状或星状的级联结构。级联模式下，为了保证网络的效率，一般建议层数不超过 4 层。

交换机间一般通过普通用户端口进行级联，有些交换机则提供了专门的级联端口（Uplink Port）。这两种端口的区别仅在于普通端口符合 MDI 标准，而级联端口（或称上行口）符合 MDIX 标准。这种区别导致了两种方式下接线方式不同：当两台交换机都通过普通端口级联时，端口间电缆采用交叉电缆；当且仅当其中一台通过级联端口时，采用直通电缆。

用交换机进行级联时要注意以下几个问题：

① 原则上任何厂家、任何型号的以太网交换机均可相互进行级联，但也不排除一些特殊情况下两台交换机无法进行级联。

② 交换机间级联的层数是有一定限度的。成功实现级联的最根本原则，就是任意两结点之间的距离不能超过传输介质的最大跨度。

③ 多台交换机级联时，应保证它们都支持生成树（Spanning-Tree）协议，既要防止出现环路，又要允许冗余链路存在。

进行级联时，应该尽力保证交换机间中继链路具有足够的带宽，为此可采用全双工技术和链路汇聚技术。交换机端口采用全双工技术后，不但相应端口的吞吐量加倍，而且交换机间中继距离大大增加，使得异地分布、距离较远的多台交换机级联成为可能。链路汇聚也称为端口汇聚、端口捆绑、链路扩容组合，由 IEEE 802.3ad 标准定义，即两台设备之间通过两个以上的同种类型的端口并行连接，同时传输数据，以便提供更高的带宽、更好的冗余度以及实现负载均衡。链路汇聚技术不但可以提供交换机间的高速连接，还可以为交换机和服务器之间的连接提供高速通道。需要注意的是，并非所有类型的交换机都支持这两种技术。

2. 堆叠

（1）可堆叠交换机

可堆叠交换机是指具有"堆叠"功能的网络交换机，是一种网络设备。所谓堆叠，是用专用连接电缆，通过交换机的堆叠端口把两台或两台以上的交换机连接起来，以实现单台交换机端口数的扩充。

当多台交换机堆叠在一起时，其作用就像一个模块化交换机一样，可以作为一个单元设备来进行管理。也就是说，堆叠中所有的交换机从逻辑上可视为一台交换机。一般情况下，堆叠在一起的交换机中至少应该有一台可网管交换机，利用可网管交换机可对堆叠在一起的其他交换机进行管理。

（2）可堆叠交换机的识别

交换机堆叠是通过厂家提供的一条专用连接电缆，从一台交换机的"UP"堆叠端口直接连接到另一台交换机的"DOWN"堆叠端口，以实现单台交换机端口数的扩充。一般交换机

能够堆叠 4~9 台。

（3）堆叠交换机的堆叠方式

堆叠交换机一般有两种堆叠方式：星形堆叠和菊花链式堆叠。菊花链式堆叠是一种基于级联结构的堆叠技术，对交换机硬件上没有特殊的要求，通过相对高速的端口串接和软件的支持，最终实现构建一个多交换机的层叠结构，通过环路，可以在一定程度上实现冗余。菊花链式堆叠模式不存在拓扑管理，适用于高密度端口需求的单结点机构，可用于网络边缘。

而星形堆叠模式适用于要求高效率高密度端口的单结点 LAN，星形堆叠模式克服了菊花链式堆叠模式多层次转发时的高时延影响，但需要提供高带宽矩阵，成本较高，而且矩阵接口一般不具有通用性，无论是堆叠中心还是成员交换机的堆叠端口，都不能用来连接其他网络设备。

可堆叠交换机主要应用于中小企业和大型企业的网络边缘，非常方便地实现对网络的扩充，包括企业局域网升级改造、网络扩容整体提速等。同时，由于可堆叠交换机具有迅速部署、可伸缩性以及易于管理等优点，因此目前得到了广泛的应用，特别是在电子商务应用中尤为流行。

（4）交换机堆叠

交换机简单堆叠需要具有扩展模块插槽的交换机 3 台，堆叠模块 3 个，堆叠线缆 3 根，计算机两台（PC1、PC2），配置线一根。

菊花链式堆叠拓扑图如图 4-7 所示。

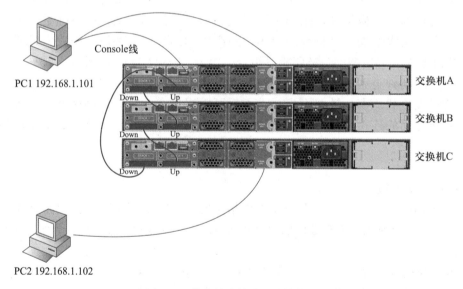

图 4-7　菊花链式堆叠拓扑结构图

在实验室环境下，我们也可以使用两台交换机进行堆叠实验。拓扑图中使用 3 台交换机进行堆叠，主要目的是为了让大家对拓扑看得更清晰。每台交换机各配置一个堆叠模块，用 3 根堆叠线缆进行互连，这种堆叠的方式也称为单链单向菊花链式堆叠。

由于现在很多品牌（如锐捷）交换机的堆叠模式都为 AUTO 模式，所以只需要按照拓扑图将线缆连通，设备会自动完成堆叠设置，在这里就不再详细介绍剩余步骤了。

3. 交换机的端口模式及在不同 VLAN 下的应用

在以太网中交换机的端口有三种链路类型：access、trunk 和 hybrid。

① access 类型的端口只能属于 1 个 VLAN，一般用于连接计算机的端口。

② trunk 类型的端口可以允许多个 VLAN 通过，可以接收和发送多个 VLAN 的报文，一般用于交换机之间连接的端口。

③ hybrid 类型的端口可以允许多个 VLAN 通过，可以接收和发送多个 VLAN 的报文，可以用于交换机之间连接，也可以用于连接用户的计算机。一般情况下使用较少。

4. 配置命令详解

switchport mode

命令：switchport mode {trunk|access}

功能：设置交换机的端口为 access 模式或者 trunk 模式。

参数：trunk 表示端口允许通过多个 VLAN 的流量；access 表示端口只能属于一个 VLAN。

命令模式：端口配置模式。

默认情况：端口默认为 access 模式。

使用指南：工作在 trunk mode 下的端口称为 trunk 端口，trunk 端口可以通过多个 VLAN 的流量。通过 trunk 端口之间的互连，可以实现不同交换机上的相同 VLAN 的互通；access mode 下的端口称为 access 端口，access 端口可以分配给一个 VLAN，并且同时只能分配给一个 VLAN。

举例：将端口 5 设置为 trunk 模式，端口 8 设置为 access 模式。

```
switch（Config）#interface fastethernet 0/5
switch（Config-if）#switchport mode trunk
switch（Config-if）#exit
switch（Config）#interface fastethernet 0/8
switch（Config-ethernet0/0/8）#switchport mode access
switch（Config-ethernet0/0/8）#exit
```

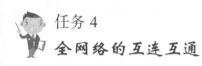

任务 4

全网络的互连互通

❋　任务描述

完成区域内网络互连之后，需要进行育才中学网络升级项目改造中最核心的部分，即使各个楼宇及各个楼宇内的信息点通过校园主干的光纤网络汇聚及连通在一起，实现全网络的互连互通。由于之前我们已经对网络运用了 VLAN 技术，使得网络被有效划分成了各个独立的虚拟网络，但问题是各个独立虚拟网络之间无法实现互相访问，而且无法实现和主干网络的互连互通。该如何实现各个 VLAN 之间通过主干网络的互连互通呢？

任务分析

网络中采用的二层交换机属于接入层交换机，在二层交换机上根据连接用户的不同，划分了不同 VLAN。在网络中可以通过三层（多层）交换机或路由器的路由功能解决不同 VLAN 间的通信问题，达到全网互连互通的目的。

因此本次任务要求我们具有以下网络相关的知识和能力：理解多层交换机、路由器的路由原理；了解多层交换机在实际网络中的常用配置；回顾二层交换机 VLAN 的划分方法。

方法与步骤

1. 设备的选择与连接

本任务所需设备包括三层交换机 1 台，二层交换机 2 台，个人计算机 2~4 台（PC1、PC2、PC3、PC4），配置线 2 根，直通网线若干。

任务拓扑结构如图 4-8 所示。

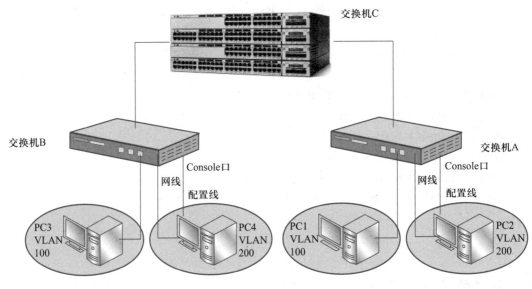

图 4-8　任务拓扑结构图

2. 方案规划与验证

在交换机 A 和交换机 B 上分别划分两个基于端口的 VLAN：VLAN 100，VLAN 200，端口分配见表 4-8。

在交换机 C 上也划分两个基于端口的 VLAN：VLAN 100，VLAN 200。把与交换机 A、交换机 B 相连的端都设置成 trunk 口，端口分配见表 4-9。

表 4–8　交换机 A、B 的端口划分表

VLAN	端口成员
VLAN 100	1~8
VLAN 200	9~16
trunk 端口	24

表 4–9　交换机 C 端口划分表

VLAN	IP 地址	子网掩码
VLAN 100	192.168.10.1	255.255.255.0
VLAN 200	192.168.20.1	255.255.255.0
trunk 端口		1 口和 2 口

交换机 A 的 24 口连接交换机 C 的 1 口，交换机 B 的 24 口连接交换机 C 的 2 口。PC1~PC4 的网络设置见表 4–10。

表 4–10　PC 网络设置

设备	IP 地址	子网掩码	网关	所属 VLAN
PC1	192.168.10.101	255.255.255.0	192.168.10.1	VLAN 100
PC2	192.168.20.102	255.255.255.0	192.168.20.1	VLAN 200
PC3	192.168.10.103	255.255.255.0	192.168.10.1	VLAN 100
PC4	192.168.20.104	255.255.255.0	192.168.20.1	VLAN 200

最终验证如下情况。

（1）不给计算机设置网关

PC1、PC3 分别接在不同交换机 VLAN 100 的成员端口 1~8 上，两台计算机互相可以 ping 通。

PC2、PC4 分别接在不同交换机 VLAN 200 的成员端口 9~16 上，两台计算机互相可以 ping 通。

PC1、PC3 和 PC2、PC4 接在不同 VLAN 的成员端口上则互相 ping 不通。

（2）给计算机设置网关

PC1、PC3 和 PC2、PC4 接在不同 VLAN 的成员端口上也可以互相 ping 通。

3. 设备的配置

（1）通过 Console 口登录交换机

本次任务使用思科的 Packet Tracer 6.2 版本模拟器实现，交换机 A、B 使用模拟器中的 2960 完成配置。交换机 C 使用模拟器中的 3560 完成配置。

（2）在交换机中创建 VLAN 100 和 VLAN 200，并添加端口

交换机 A：

swtichA（config）#valn 100

swtichA（config-vlan）#exit

swtichA（config）#vlan 200

swtichA（config-vlan）#exit

swtichA（config）#interface range fastethernet 0/1-8

swtichA（config-if-range）#switchport access VLAN 100

swtichA（config-if-range）#exit

swtichA（config）#interface range fastethernet 0/9-16

swtichA（config-if-range）#switchport access VLAN 200

swtichA（config-if-range）#exit

交换机 B：配置与交换机 A一样。

（3）设置交换机 trunk 端口

交换机 A：

swtichA（config）#interface fastethernet 0/24

swtichA（config-if）#switchport mode trunk

swtichA（config-if）#exit

交换机 B：配置与交换机 A一样。

（4）三层交换机 C 配置

switchC（config）#vlan 100

switchC（config-vlan）#vlan 200

switchC（config-vlan）#exit

switchC（config）#vlan 200

switchC（config-vlan）#exit

switchC（config）#interface vlan 100

switchC（config-if）#ip address 192.168.10.1 255.255.255.0　　　// 设置 VLAN 的 IP 地址

switchC（config-if）#exit

switchC（config）#interface vlan 200

switchC（config-if）#ip address 192.168.20.1 255.255.255.0　　　// 设置 VLAN 的 IP 地址

switchC（config-if）#exit

switchC（config）#interface range fastEthernet 0/1-2

switchC（config-if-range）#switchport trunk encapsulation dot1q

　　　　　　　　　　　　　　　　　// 三层交换机端口绑定 802.1Q 协议

switchC（config-if-range）#switchport mode trunk

switchC（config-if-range）#exit

switchC（config）#ip routing　　　　　　　　　　*// 启用三层交换机路由功能*

（5）验证配置

在三层交换机 C 上输入如下命令

switchC#show ip route　　　　　　　　　　　　　　*// 显示路由表*

显示结果如下

Codes：C-connected，S-static，I-IGRP，R-RIP，M-mobile，B-BGP

　　　　D-EIGRP，EX-EIGRP external，O-OSPF，IA-OSPF inter area

　　　　N1-OSPF NSSA external type 1，N2-OSPF NSSA external type 2

　　　　E1-OSPF external type 1，E2-OSPF external type 2，E-EGP

　　　　i-IS-IS，L1-IS-IS level-1，L2-IS-IS level-2，ia-IS-IS inter area

　　　　*-candidate default，U-per-user static route，o-ODR

　　　　P-periodic downloaded static route

Gateway of last resort is not set

C　　　192.168.10.0/24 is directly connected，vlan100

C　　　192.168.20.0/24 is directly connected，vlan200

由路由表我们可以看出来，我们所设置的两个 VLAN 都已经出现在了路由表中，这里 C 表示的是直连路由，表示我们的 VLAN 是和 3 层交换之间相连的，故完成了设备的配置。

下面我们在 4 台计算机上先不配置网关，互相 ping，结果见表 4-11。

表 4-11　PC 间连通性测试结果 1

ping 结果	PC1	PC2	PC3	PC4
PC1		不通	通	不通
PC2	不通		不通	通
PC3	通	不通		不通
PC4	不通	通	不通	

由结果可以看到，PC1 可以 ping 通 PC3，PC2 可以 ping 通 PC4，但 PC1、PC3 和 PC2、PC4 之间无法 ping 通，这就说明我们实现了跨交换机 VLAN 内的通信，但还未实现不同 VLAN 之间的通信。

然后我们将 4 台计算机分别配置各自网关，互相 ping，结果见表 4-12。

这时候我们发现，4 台计算机之间实现了完全的互连互通，从而完成了我们在实验之初想要得到的效果，也说明三层交换机的引入帮助我们实现了不同 VLAN 之间的路由互通。

要实现不同 VLAN 间的互连互通使用的主要技术是依靠三层交换机中的路由功能，也可以通过路由器来实现不同 VLAN 间的互连互通。

表 4-12　PC 间连通性测试结果 2

ping 结果	PC1	PC2	PC3	PC4
PC1		通	通	通
PC2	通		通	通
PC3	通	通		通
PC4	通	通	通	

　　局域网中要实现不同 VLAN 间的互连互通主要还是使用三层交换机来实现。在局域网中因网络环境并不复杂，所以主要侧重于数据交换。三层交换机支持路由功能侧重于数据交换，完全能够胜任在局域网中数据交换的同时进行简单路由的任务。而路由器一般针对广域网复杂网络环境的网络路径查找，数据交换能力不及三层交换机。

 相关知识

　　1. VLAN 间路由

　　（1）VLAN 间路由的必要性

　　根据前面学习的内容，我们已经知道两台计算机即使连接在同一台交换机上，只要所属的 VLAN 不同就无法直接通信。这是因为在 VLAN 内的通信，必须在数据帧头中指定通信目标的 MAC 地址。而为了获取 MAC 地址，TCP/IP 协议下使用的是 ARP 协议。ARP 解析 MAC 地址的方法是通过广播，如果广播报文无法到达，那么就无从解析 MAC 地址，即无法直接通信。

　　计算机分属不同的 VLAN，也就意味着分属不同的广播域，自然收不到彼此的广播报文。因此，属于不同 VLAN 的计算机之间无法直接互相通信。为了能够在 VLAN 间通信，需要利用 OSI 参考模型中更高一层网络层的信息（IP 地址）来进行路由。

　　路由功能，一般主要由路由器提供。但在今天的局域网里，我们也经常利用带有路由功能的交换机——三层交换机来实现。

　　（2）VLAN 间交换机的路由原理

　　通常我们可以使用路由器的路由功能实现 VLAN 间的通信。在实际工作中，多在局域网内部采用三层交换的方式实现 VLAN 间路由。

　　由于三层交换机采用硬件来实现路由，所以其路由数据包的速率是普通路由器的几十倍。例如，思科公司的交换机主要采用 CEF 的三层交换技术。CEF 技术中，交换机利用路由表形成转发信息库（FIB），FIB 和路由表是同步的，关键是它查询硬件化，查询速度快得多。除了 FIB 外，还有邻接表（Adjacency Table），该表和 ARP 表有些类似，主要放置了第二层的封装信息。FIB 和邻接表都在数据转发之前就已经建立好了，这样一有数据要转发，交换机就能直接利用它们进行数据转发和封装，不需要查询路由表和发送 ARP 请求，所以 VLAN 间的路由效率大大提高。

　　2. 三层交换机

　　（1）三层交换机的概念

　　三层交换机具有部分路由器功能。它解决了局域网中网段划分之后，网段中子网必须依赖

路由器进行管理的局面，解决了传统路由器低速、复杂所造成的网络瓶颈问题。加快了大型局域网内部的数据交换，实现一次路由，多次转发的功能。

三层交换机拥有很强二层包处理能力，非常适用于大型局域网内的数据路由与交换。它既可以工作在第三层替代或部分完成传统路由器的功能，同时又具有几乎第二层交换的速度，一般会将三层交换机用在网络的核心层。

在实际应用过程中，典型的做法是：处于同一个局域网中的各个子网的互连以及局域网 VLAN 间的路由，用三层交换机来代替路由器。局域网与公网互连，要实现跨地域的网络访问才通过专业路由器。

（2）三层交换机工作原理

三层交换技术就是二层交换技术与三层转发技术相结合。传统的交换技术是在 OSI 参考模型的第二层——数据链路层进行操作的，而三层交换技术是在 OSI 参考模型中的第三层实现了数据的高速转发。应用第三层交换技术既可实现网络路由的功能，又可以根据不同的网络状况做到最优的网络性能。

（3）三层交换机的优点

三层交换机除了优秀的性能之外，还具有一些传统的二层交换机没有的特性，这些特性可以给网络的建设带来许多好处。

① 高可扩充性。三层交换机在连接多个子网时，子网只是与第三层交换模块建立逻辑连接，不像传统外接路由器那样需要增加端口，从而保护了用户对网络的投资，并满足学校 3~5 年网络应用快速增长的需要。

② 内置安全机制。三层交换机可以与普通路由器一样，具有访问列表的功能，可以实现不同 VLAN 间的单向或双向通信。如果在访问列表中进行设置，可以限制用户访问特定的 IP 地址，这样学校就可以禁止学生访问不健康的站点。访问列表不仅可以用于禁止内部用户访问某些站点，也可以用于防止局域网外部的非法用户访问内部的网络资源，从而提高网络的安全性。

③ 适合多媒体传输。教育网内经常需要传输多媒体信息，这是教育网的一个特色。三层交换机具有 QoS（服务质量）的控制功能，可以给不同的应用程序分配不同的带宽。例如，在网络中传输视频流时，就可以专门为视频传输预留一定量的专用带宽，相当于在网络中开辟了专用通道，其他的应用程序不能占用这些预留的带宽，因此能够保证视频数据传输的稳定性。而普通的二层交换机就没有这种特性，因此在传输视频数据时，就会出现视频忽快忽慢的抖动现象。

另外，视频点播（VOD）也是教育网中经常使用的业务。但是由于有的视频点播系统使用广播来传输，而广播包不能实现跨网段传输，这样 VOD 就不能实现跨网段。如果采用单播形式实现 VOD，虽然可以实现跨网段，但是支持的同时连接数就非常少，一般几十个连接就占用全部带宽。而三层交换机具有组播功能，VOD 的数据包以组播的形式发向各个子网，既实现了跨网段传输，又保证了 VOD 的性能。

④ 具有计费功能。在网络中，可能有计费的需求。三层交换机可以识别数据包中的 IP 地址信息，因此可以统计网络中计算机的数据流量，实现按流量计费，也可以控制计算机连接在网络上的时间，按时间进行计费。而普通的二层交换机就难以同时做到这两点。

任务 5
区域无线局域网的覆盖

❋ 任务描述

育才中学已经实现了校园有线网络的建设。但随着教学设施的完善，越来越多的移动终端在校园内使用，越来越多的学生也开始拥有了带有无线通信功能的计算机终端、平板电脑、智能手机等。为了满足学校广大师生对无线网络的需求，实现办公楼、教学楼、图书楼、实验楼、宿舍楼等室内环境和草坪、操场、主干道等室外区域的无线网络覆盖，成为校园网络建设的重要任务。

任务分析

实现对校园内重点区域的无线网络覆盖，要在原有校园网络的基础上，部署相应的无线网络设备，完成相应区域的无线覆盖。无线信号不用加密，用户连接到无线网络以后，打开任意网页即可自动转到网络认证页面。用户在输入用户名和密码后，就可以使用网络资源了。

方法与步骤

1. 分析用户需求

① 育才中学校园网采用千兆以太网技术，已经实现对全校各重要区域的有线网络覆盖，但教学楼、图书楼、实验楼、宿舍楼等室内环境只能提供少量接口，不能满足移动终端网络接入的要求。而草坪、操场、主干道等室外区域无法提供网络访问。

② 校园网采用有线和无线相结合的方式，无线接入所需的无线网络设备分别通过校园网的汇聚层或接入层设备接入校园网中。无线局域网不可能完全取代有线局域网，只能作为有线网络的补充和完善。二者并不是技术竞争，而是技术互补，互为完善。无线局域网是在有线网络的基础上增加更多实际功能，学校的网络中心作为互联网的接入点，也作为无线网的中心站，负责控制所有站点对网络的访问。

2. 无线网络规划设计

（1）无线网络覆盖设计

① 校园网 WLAN 设备选用与校园网核心设备应为同一公司的设备，采用集中管理架构下的 "FIT AP" 无线网络架构，以保证无线网络可管理性、安全性、无缝漫游等功能需求，尤其是方便未来的运维管理。部分区域可直接采用 "FAT AP" 方式，以降低成本。

② 网络部署结合学校的实际情况，采用室内、室外多种无线接入方式相结合的方式，满足学校楼宇多、广场多的特点。在满足无线覆盖的前提下，可以节省无线接入点的数量，从而提高无线网络的性价比。

③ 校园无线网络在满足现有网络应用的同时，应保证对未来网络技术和应用的支持，如

IPv6、无线语音、无线视频、组播等技术的支持，以满足学校教学和科研的要求。

④ 为满足学校网络的安全性，建议校园无线网络采用独立的有线网络系统实现无线接入点的互连。同时，无线网络在满足用户接入安全认证、加密的同时，支持无线射频的安全防护功能。

（2）确定无线网络覆盖范围

根据以上原则，部分区域无线网络拓扑结构如图 4-9 所示。其中教学楼全部采用室内 AP 精确覆盖，图书楼采用室内 AP 与室外 AP 结合覆盖，宿舍楼采用室外 AP 覆盖。

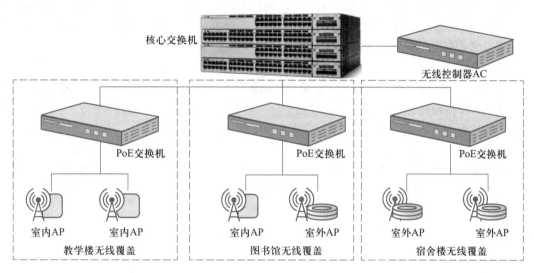

图 4-9　部分区域无线网络拓扑结构图

3. 无线网络设备选择

根据用户需求分析和网络规划，网络设备应符合以下要求。

（1）采取通行的网络协议标准

目前无线局域网普遍采用 IEEE 802.11 系列标准，支持标准上来说必须选择支持 54 Mbps 的 IEEE 802.11g 标准或以上的设备。如果在与其他无线网络设备兼容性方面不存在问题的话，建议选择支持 108 Mbps 的 IEEE 802.11g+ 标准的产品。

（2）全面的无线网络支撑系统（包括无线网管、无线安全等）

无线网络采用的是 FIT AP+AC 的构架。FIT AP 不能自行管理，需和无线 AC 控制器配套使用。可以通过 AC 控制器对 AP 的注册、AP 信道的选择、AP 功率的调节、AP 升级等方面进行管理。

AC 可以对所有的 AP 进行集中管控，极大地简化了网络的管理和维护工作。除此之外，它还有其他的作用，特别是中大型网络中它将成为核心，可以提供无线网络的认证、加密、授权等服务功能，以及流量分类、流量标记等功能。

（3）产品能力要求

从当前市面上的终端产品看，移动终端基本都能支持 5 GHz 频段的 WiFi，因此，为了更好的无线体验，一般采用双频无线 AP，尤其是在人员密集型区域。

基于无线产品的工作原理和手机等无线终端的无线发送接收能力，希望通过一个无线 AP 实现"一平方千米的范围，接入数百人"是不太现实的。一般情况下，一个单频 AP 能够接入 25 个客户端，一个双频 AP 能够接入 50 个客户端。具体选择怎样的 AP 设备，选择能接入多少客户端的设备，应根据实际应用环境而定。

4. 工程布线和安装

（1）室内部分

根据室内 AP 覆盖范围确定室内 AP 的安装位置，将网线走暗线敷设到位。无线路由器可利用设备本身自带的安装附件进行安装；如果需要遮蔽，则需要定制非金属安装盒；如果是挂在天花板上，则根据天花板情况而定，若天花板是非金属结构，可以固定在天花板内。安装过程中应充分考虑防盗问题。

（2）室外部分

根据设备位置有两种布线方式。如果无线 AP 设备放置在楼顶，则需要走网线和电源线，如果无线 AP 设备放置在室内，天线放置在室外，则需要走天线馈线。这两种方式都需走铁管，贴防水胶，安装过程中应充分考虑防盗问题。

（3）供电部分

部分区域无线网络设备的供电可采用 PoE 方式，由接入的网络设备（PoE 交换机）进行供电，不必连接外置电源适配器。

 相关知识

1. 无线网络设备

（1）PoE 交换机

PoE（Power over Ethernet）指的是在现有的以太网 Cat.5 布线基础架构不进行任何改动的情况下，在为一些基于 IP 的终端（如 IP 电话机、无线局域网接入点 AP、网络摄像机等）传输数据信号的同时，还能为此类设备提供直流电的技术。PoE 交换机就是支持以太网供电的交换机。

PoE 交换机端口支持输出功率达 15.4 W 或 30 W，符合 IEEE 802.3 af/802.3 at 标准，通过网线供电的方式为标准的 PoE 终端设备供电，免去额外的电源布线。符合 IEEE 802.3 at 的 PoE 交换机，端口输出功率可以达到 30 W，受电设备可获得的功率为 25.4 W。通俗地说，PoE 交换机就是支持网线供电的交换机，不但可以实现普通交换机的数据传输功能，还能同时对网络终端进行供电。

（2）无线控制器

无线控制器，又称为 AC（Wireless Access Point Controller），是一种网络设备，用来集中控制无线 AP，是一个无线网络的核心，负责管理无线网络中的所有无线 AP。对 AP 管理包括下发配置、修改相关配置参数、射频智能管理、接入安全控制等。

2. 无线局域网的特点

随着 Internet 的高速发展，局域网也越来越普及，不仅各企事业单位建立了局域网，许多办公室、家庭里面的小型局域网也纷纷出现。这种局域网一般都是需要综合布线的有线网络，

它解决了人们网络连通的问题，大大提高了办公效率，并且数据传输速率也日益加快，但同时也存在着许多问题。

有线局域网大多将基础布线和设备隐蔽在墙壁之内或者埋在地下，因此综合布线将是非常令人头痛的事情。设计线路的走向、开挖布线槽、敷设线路、调试……既耗费人力财力又浪费大量时间。不但如此，布线之后的线路维护、线路监测等事情更是费时费力。而且，这种传统的有线网络不能摆脱线路的束缚，不能根据实际情况随意改变网络的结构，更不能实现现代化移动办公的需要，也就不能进一步提高网络办公的工作效率。

无线局域网的出现使有线网络所遇到的问题迎刃而解，它可以使用户对有线网络进行任意扩展和延伸。只需要在有线网络的基础上通过无线接入器、无线交换机、无线网卡、无线控制器等无线设备使无线通信得以实现。在不进行传统的布线的同时，提供有线局域网的所有功能，并能够随着用户的需要更改、扩展网络，实现移动应用。

无线局域网具有传统有线网络无法比拟的优点：

① 灵活性，不受线缆的限制，可以随意增加和配置工作站。

② 低成本，无线局域网不再需要大量的工程布线，同时节省了线路维护的费用。

③ 移动性，不受时间、空间的限制，用户可在网络中漫游。

④ 易安装，对于有线网络来说，无线局域网的组建、配置和维护更为容易。

而且，无线局域网通信范围不受环境条件的限制，网络传输覆盖范围大大拓展，室外可以传输几百米，室内可以传输几十、几百米。在网络数据传输方面也有与有线网络等效的安全加密措施。

3. 无线局域网应用的场合

无线局域网并不是用来取代有线局域网的，而是用来弥补有线局域网的不足，以达到网络延伸的目的。无线局域网适用于以下场所：

① 移动办公的环境：大型企业、交通站等移动工作的人员应用的环境。

② 难以布线的环境：历史建筑、校园、工厂车间、城市建筑群、大型的仓库等不能布线或者难于布线的环境。

③ 频繁变化的环境：活动的办公室、零售商店、售票点、野外勘测、军事活动和银行金融场所等，以及流动办公、网络结构经常变化或者临时组建的局域网。

④ 特殊项目的局域网：航空公司、机场、货运公司、码头、展览和交易会等。

⑤ 小型网络用户：办公室、家庭办公室（SOHO）用户。

4. 无线局域网的安全

（1）无线局域网安全概述

无线网络使用者只要在无线电波的涵盖范围内，就可以如同使用网络线路上网一样方便；换句话说，"任何人"在"电波范围内（可能是不同楼层或停车场）"也一样可以使用"内部网络"，而且"任何人"也可以很方便地"看到"其他人在传输的数据。从另一个角度来看，会不会有人私自把 AP 接上现有的网络，自己"创造"一个私人的无线网络环境呢？请同学们仔细思考。

（2）无线网络需要解决的三个安全问题

为了安全地使用无线网络，需要考虑无线网络安全相关的三个问题。第一，确定无线网络的使用者是被允许的（认证使用者）；第二，数据传输时需要保密（加密）；第三，防止非法无线网络基站连上网络。

（3）无线网络的安全措施

现在的无线网络在安全方面具有多种技术，可以根据具体需求灵活实施一种或多种安全技术来实现无线网络的安全要求。主要的安全措施有 SSID 服务识别码、有线等价加密（WEP）、IEEE 802.1X、WPA（WiFi Protected Access）、MAC 地址过滤及无线客户端隔离等几种。

思考与练习

一、选择题

1. 校园网设计一般分为三层设计模型，以下哪个层次不属于该三层设计模型？（ ）

    A. 接入层   B. 汇聚层   C. 核心层   D. 网络层

2. 关于 VLAN，下面说法不正确的是（ ）。

    A. 隔离广播域

    B. VLAN 间相互通信要通过三层设备

    C. 可以限制网络中的计算机互相访问的权限

    D. 只能在同一交换机上的主机进行逻辑分组

3. 交换机如何显示全部的 VLAN？（ ）

    A. show mem vlan   B. show flash：vlan

    C. show vlan   D. show vlan.dat

4. 当要使一个 VLAN 跨越两台交换机时，需要哪个特性支持？（ ）

    A. 用三层接口连接两台交换机   B. 用 trunk 接口连接两台交换机

    C. 用路由器连接两台交换机   D. 两台交换机上，VLAN 的配置必须相同

5. 在网络规划时，选择使用三层交换机而不选择路由器，下列哪个原因不正确？（ ）

    A. 三层交换机的转发能力要远远高于路由器

    B. 三层交换机的网络接口数量比路由器多很多

    C. 三层交换机可以实现路由器的所有功能

    D. 三层交换机比路由器组网更灵活

6. 三层交换机中的三层表示的含义不正确的是（ ）。

    A. 指网络结构层次的三层

    B. 指 OSI 参考模型的网络层

    C. 指交换机具备 IP 路由、转发的功能

    D. 与路由器的功能类似

二、问答题

1. 综合布线由哪几个子系统构成？

2. 简述网络的分层设计原则。

3. VLAN 的优点有哪些？

4. 划分 VLAN 的方法有几种？

5. 和传统的二层交换机相比，三层交换机有哪些特有的功能？

6. 简述三层交换机的路由原理。

三、实验题

1. 在一台二层交换机上划分 3 个 VLAN, 并通过 show vlan 命令验证, 端口分配见表 4-13。

表 4-13　端 口 分 配

VLAN	端口分配
10	5~8
20	9~12
30	13~16

2. 在交换机 A 和交换机 B 上分别划分两个基于端口的 VLAN: VLAN10、VLAN20, 端口分配见表 4-14。

表 4-14　端 口 分 配

VLAN	端口分配
10	2~4
20	5~8
trunk 口	1

交换机 C 上也分别划分两个基于端口的 VLAN: VLAN10, VLAN20, 网络设置见表 4-15。

表 4-15　网络设备配置

VLAN	IP 地址	子网掩码
10	10.1.10.1	255.255.255.0
20	10.1.20.1	255.255.255.0
trunk 口		1/1 和 1/2

交换机 A 的 1 口连接交换机 C 的 1 口, 交换机 B 的 1 口连接交换机 C 的 2 口。计算机的网络设置见表 4-16。

表 4-16　计算机网络设置

设备	端口	IP 地址	子网掩码	网关
PC1	交换机 A 的 2 口	10.1.10.11	255.255.255.0	10.1.10.1
PC2	交换机 B 的 8 口	10.1.20.22	255.255.255.0	10.1.20.1

要求 PC1 可以 ping 通 PC2。

3. 某公司在原有网络的基础上为了解决各部门 VLAN 之间的通信, 在三楼的网络中心添加了一台核心三层交换机, 利用三层交换的路由功能解决网络中所有 VLAN 之间的相互通信。网络拓扑结构及设备 IP 地址划分如图 4-10 所示。

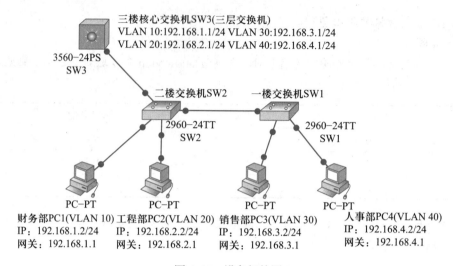

三楼核心交换机SW3(三层交换机)
VLAN 10:192.168.1.1/24 VLAN 30:192.168.3.1/24
VLAN 20:192.168.2.1/24 VLAN 40:192.168.4.1/24

3560-24PS
SW3

二楼交换机SW2　一楼交换机SW1

2960-24TT
SW2

2960-24TT
SW1

PC-PT　　　PC-PT　　　PC-PT　　　PC-PT

财务部PC1(VLAN 10)　工程部PC2(VLAN 20)　销售部PC3(VLAN 30)　人事部PC4(VLAN 40)
IP：192.168.1.2/24　IP：192.168.2.2/24　IP：192.168.3.2/24　IP：192.168.4.2/24
网关：192.168.1.1　网关：192.168.2.1　网关：192.168.3.1　网关：192.168.4.1

图 4-10　设备拓扑图

　　要求正确选择设备并使用线缆连接；正确给各 PC 配置相关 IP 地址及子网掩码、网关等参数。在一楼交换机 SW1 和二楼交换机 SW2 上正确划分 VLAN，并分配相应端口。正确配置三楼核心交换机，使得各个部门之间能相互访问。在各个部门的 PC 之间用 ping 命令测试链路，并记录测试结果。

项目 5

安装配置常用网络服务

情景故事

　　希望（HOPE）学校正在进行校园网建设。网管技术人员对校园网进行规划，如图 5-1 所示，要求能够实现校内各部门计算机向外连接 Internet，满足教职员工日常办公和学生学习、上网需要，要有发布学校相关工作信息的 Web 网站，并能实现日常办公文件下载和个人工作资料的提交与存档备份。

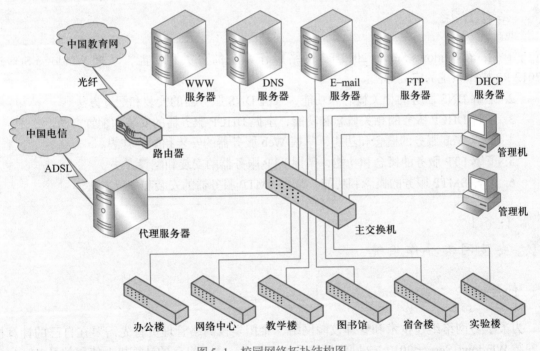

图 5-1　校园网络拓扑结构图

　　为了实现这些新需求，学校网络技术部门购置了数台服务器，网络管理员准备对服务器进行如下部署：

　　① 为了校园网络的长远发展和便于应用管理升级，服务器的操作系统采用 Windows Server 2012 R2 数据中心版。

　　② 为各台服务器分别安装 DNS、DHCP、Web、FTP、SMTP 等服务，使之成为专用服务器。

③ 将服务器的硬盘划分为 3 个分区（C 盘、D 盘和 E 盘），分别用于安装操作系统、存放公用文档、存放员工个人文档和应用软件。

为提高部署效率，网络管理员决定先在虚拟机实验环境里实现各类服务器搭建和配置。在各类服务功能测试成功后，再将服务器技术应用于实际网络中。

◆◆ 项目说明

本项目通过 6 个任务的学习和实践，可以认识了解网络应用层的常用服务（DNS、DHCP、Web、FTP 和 SMTP 等）及其功能，掌握在 Windows Server 2012 R2 操作系统上安装和配置这些服务。为此，首先创建实验环境，使用 VMware Workstation 软件创建 Windows Server 2012 R2 系统的虚拟机作为服务器使用，并由多台虚拟服务器构建虚拟网络环境，然后给它们分别安装特定网络服务，经过相应配置使它们成为专用服务器，通过测试后达到校园网日常办公与教学功能的需要。

◇ 学习目标

1. 了解 Windows Server 2012 R2 网络操作系统的分类和功能，掌握 Windows Server 2012 R2 操作系统的安装方法。
2. 了解 DNS 服务的相关概念和功能，掌握 DNS 服务器的安装和配置方法。
3. 了解 DHCP 服务的相关概念和功能，掌握 DHCP 服务器的安装和配置方法。
4. 了解 Web 服务的概念和功能，掌握 Web 服务器的安装和配置方法。
5. 了解 FTP 服务的概念和功能，掌握 FTP 服务器的安装和配置方法。
6. 了解 SMTP 服务的概念和功能，掌握 SMTP 服务器的安装和配置方法。

任务 1

安装网络操作系统

❀ 任务描述

为了学习网络组建技术和管理校园网络，希望学校网络管理员首先需要在自己的计算机上安装 Windows Server 2012 R2 网络操作系统。但是，由于自己的计算机上使用的是 Windows 7 操作系统，而且还有一些重要的数据和软件安装在系统盘。那么，网络管理员应该如何安装 Windows Server 2012 R2 操作系统，同时还能保留原有数据和软件？

⚗ 任务分析

想要安装 Windows Server 2012 R2 操作系统，并保留原有数据和软件，使用虚拟机技术是一个很好的解决方案。在此任务中，可以利用 VMware Workstation 软件创建 Windows Server 2012 R2 系统虚拟机作为服务器使用。

另外，多个 Windows Server 2012 R2 虚拟机在经过更改相关配置参数，安装相应网络服务后，可以组建为一个多服务器虚拟网络。其他操作系统（如 Windows XP 或 Windows 7）虚拟机作为客户机可以加入该虚拟网络，用于网络服务测试。由于本项目中要模拟完成校园网的多种服务器部署，需要保证多个虚拟机系统能同时流畅运行，这就要求宿主机配置有高性能的 CPU 以及大容量的内存和硬盘。

方法与步骤

首先需要在宿主机上安装 VMware Workstation 软件，然后按照下面的步骤创建 Windows Server 2012 R2 虚拟机。

1. 创建 Windows Server 2012 R2 虚拟机

启动 VMware Workstation 软件，单击"文件"→"新建虚拟机"，选择"典型"单选项，单击"下一步"按钮，选择"稍后安装操作系统"，单击"下一步"按钮，选择客户机操作系统"Windows Server 2012"，单击"下一步"按钮，输入虚拟机名称，选择虚拟机保存位置，单击"下一步"按钮，指定磁盘容量"50 GB"，单击"自定义硬件"按钮，修改硬件配置参数，单击"下一步"按钮，单击"完成"按钮。

2. 在虚拟机中安装 Windows Server 2012 R2 操作系统

① 单击"编辑虚拟机设置"，单击"硬件"选项卡→"CD/DVD（SATA）"→"使用 ISO 映像文件"，单击"浏览"按钮，选择安装映像 ISO 文件，单击"确定"按钮后，单击工具栏"开启"按钮，打开虚拟机工作窗口，单击即可进入虚拟机系统启动界面。

② 进入安装界面，选择设置安装语言、时间、键盘和输入方法等，如图 5-2 所示，单击"下

图 5-2 进入安装程序

一步"按钮,选择操作系统为"Windows Server 2012 R2 Datacenter(带有 GUI 的服务器)",如图 5-3 所示,单击"下一步"按钮。勾选"我接受许可条款"复选框,如图 5-4 所示,单击选择"自定义:仅安装 Windows(高级)"的全新安装模式,如图 5-5 所示。单击"创建"命令进行硬盘分区,要求将硬盘划分为 3 个 NTFS 分区,容量大小如图 5-6 所示,选中"驱动器 0 分区 1",单击"下一步"按钮,开始复制文件进行安装,如图 5-7 所示,安装完成后,重启计算机。

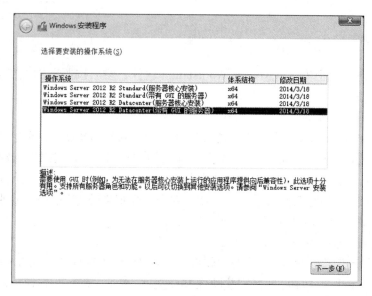

图 5-3 选择操作系统版本

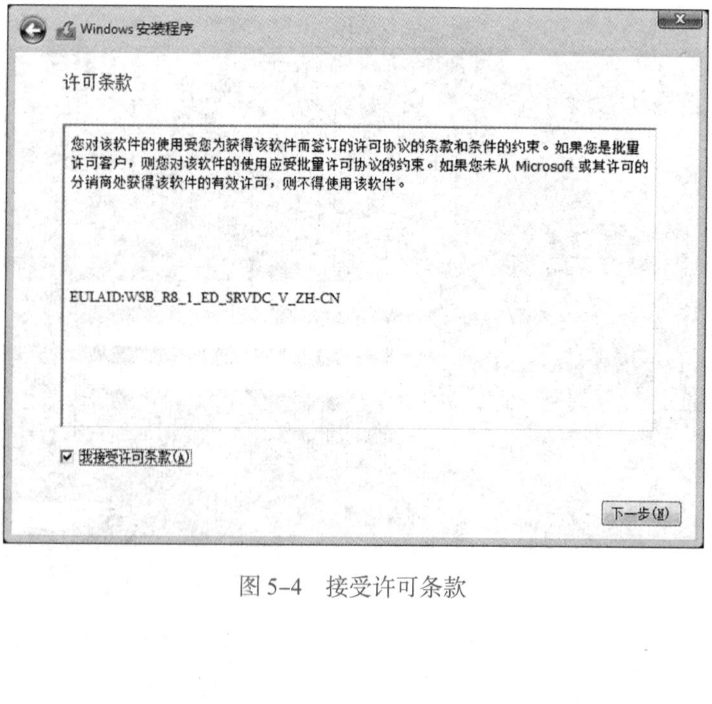

图 5-4 接受许可条款

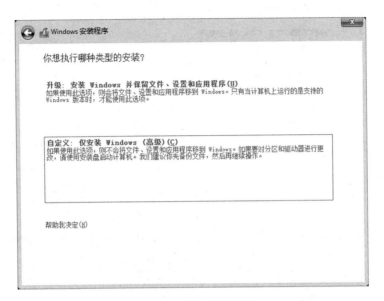

图 5-5 选择安装类型

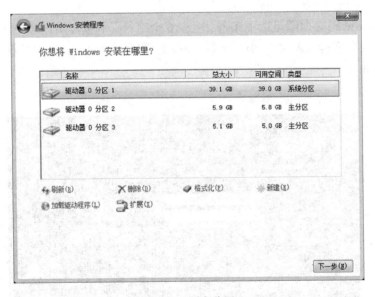

图 5-6 硬盘分区

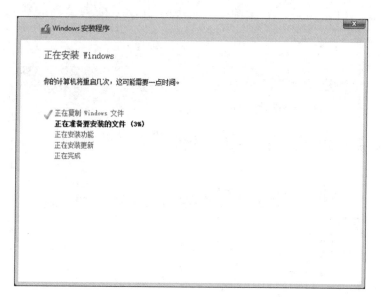

图 5-7 安装进度

③ 重启后进入界面, 设置系统管理员 (Administrator) 账户密码, 如图 5-8 所示, 单击 "完成" 按钮。根据界面提示按 Ctrl+Alt+Delete 组合键登录, 如图 5-9 所示, 进入用户登录窗口, 输入 Administrator 账户密码, 如图 5-10 所示, 单击 "→" 按钮登录。

Administrator 密码必须满足以下条件: 至少 6 个字符; 不包含用户账户名称超过两个以上连续字符;包含大写字母 (A~Z)、小写字母 (a~z)、数字 (0~9) 和特殊字符 (如 #、&、~ 等) 4 组字符中的 3 组。

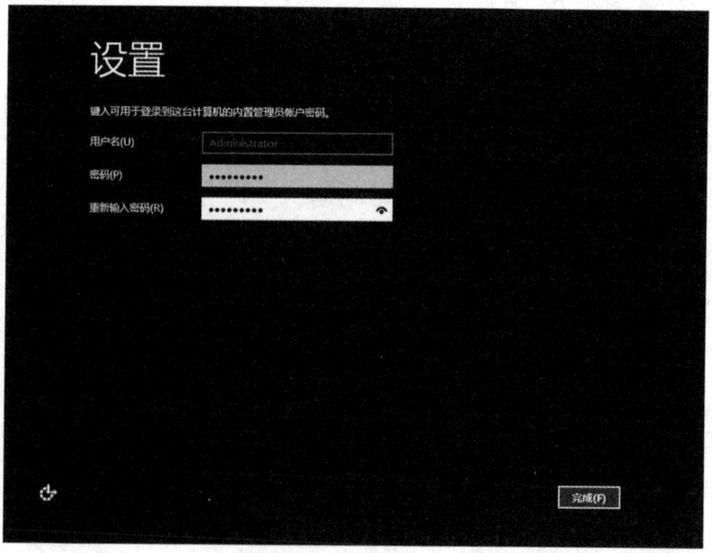

设置

键入可用于登录到这台计算机的内置管理员账户密码。

用户名(U)　　Administrator

密码(P)　　　●●●●●●●●

重新输入密码(R)　●●●●●●●●

完成(F)

图 5-8 更改账户密码

图 5-9 用户登录窗口

图 5-10 输入账户密码

3. Windows Server 2012 R2 系统的配置

Windows Server 2012 R2 系统第一次启动登录后，系统主界面默认会打开"服务器管理器"窗口，如图 5-11 所示。

（1）显示通用桌面图标

单击桌面左下角"▦"按钮，切换到"开始"屏幕，单击"控制面板"，在"搜索控制面板"编辑框中输入"桌面图标"进行搜索，如图 5-12 所示。单击搜索结果中的"显示或隐藏桌面

图 5-11 服务器管理器

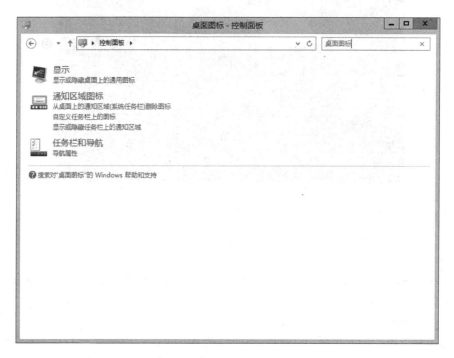

图 5-12 搜索桌面图标

上的通用图标"，打开"桌面图标设置"对话框，勾选要显示的桌面图标，如图 5-13 所示，单击"确定"按钮。

图 5-13 勾选桌面图标

（2）更改计算机名

打开服务器管理器窗口，单击"本地服务器"，单击计算机的名称，如图 5-14 所示。在系统属性对话框中单击"更改"按钮，输入新的计算机名，如图 5-15 所示，单击两次"确定"按钮后，重启计算机。

（3）启用/关闭 Windows 防火墙

打开服务器管理器窗口，单击"本地服务器"，单击 Windows 防火墙的状态。单击"启用或关闭 Windows 防火墙"，如图 5-16 所示，选择"启用 Windows 防火墙"或"关闭 Windows 防火墙"，如图 5-17 所示，单击"确定"按钮。

（4）网络连接设置

打开服务器管理器窗口，单击"本地服务器"，单击 Ethernet0 连接状态。右击"Ethernet0"，单击"属性"→"Internet 协议版本 4（TCP/IPv4）"命令，在对话框中单击"属性"按钮，设置 IP 地址、子网掩码、网关和 DNS 服务器地址，如图 5-18 所示，单击两次"确定"按钮。

经过设置，本地服务器运行状态如图 5-19 所示。

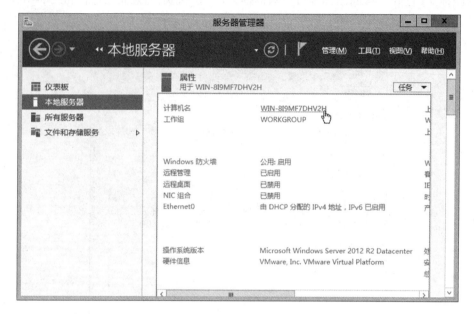

图 5-14 计算机名

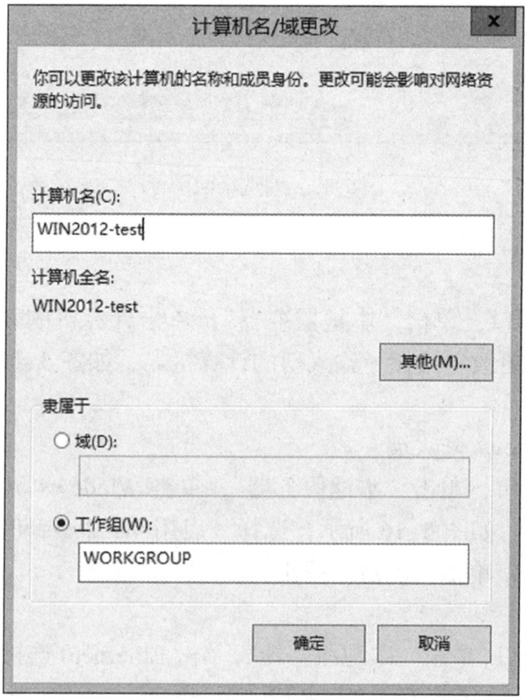

图 5-15 输入新计算机名

图 5-16　Windows 防火墙

图 5-17　启用或关闭防火墙

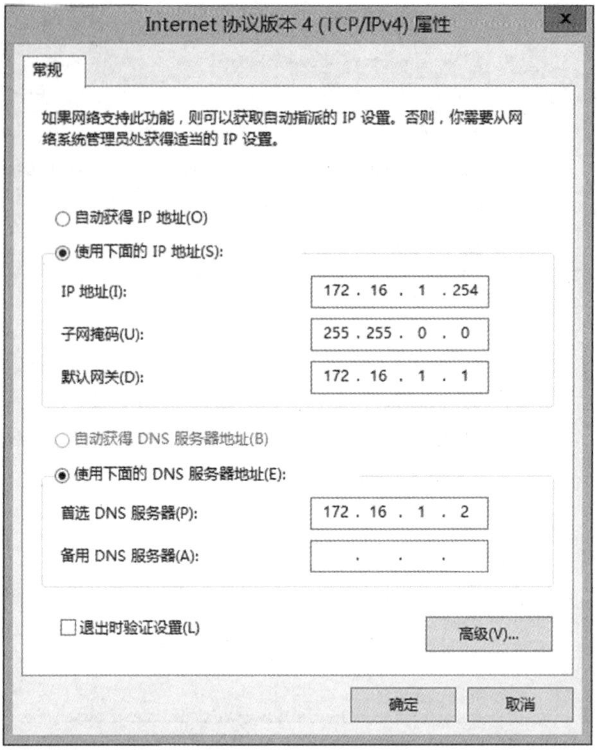

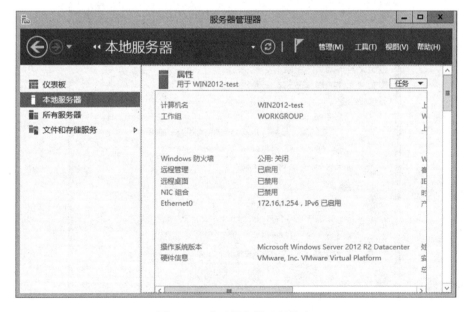

图 5-18　IP 地址设置

图 5-19　本地服务器运行状态

相关知识

1. Windows Server 2012 R2 网络操作系统简介

Windows Server 2012 R2 是微软的 Windows Server 2012 的升级版本。它是一款开放性的服务器操作系统平台。

Windows Server 2012 R2 可以提供具有高度经济实惠与高度虚拟化的环境，它有 4 个版本，见表 5-1。可以让企业用户根据实际网络需求选择合适版本。

表 5-1　**Windows Server 2012 R2 各版本比较**

版本	适用场合	主要差异	支持客户端数量
Datacenter（数据中心版）	高度虚拟化的云端环境	完整功能 虚拟机器数量没有限制	根据购买的客户端访问授权数量而定
Standard（标准版）	无虚拟化或低度虚拟化的环境	完整功能 虚拟机器数量仅限 2 个	根据购买的客户端访问授权数量而定
Essentials（精华版）	小型企业环境	预先配置云服务连接 部分功能不支持 仅支持 2 个处理器 不支持虚拟环境	25 个用户账户
Foundation（基础版）	一般用途的经济环境	提供通用服务器功能 部分功能不支持 仅支持 1 个处理器 不支持虚拟环境	15 个用户账户

2. Windows Server 2012 R2 的系统需求

如果要在计算机内安装与使用 Windows Server 2012 R2，对计算机的硬件配置有一定的要求，见表 5-2。

表 5-2　**Windows Server 2012 R2 的系统需求**

硬件	最低需求	推荐需求	最大支持
处理器（CPU）	1.4 GHz，64 位	2 GHz	64 个 CPU
内存（RAM）	512 MB	2 GB 或更多	Foundation 版：32 GB Datacenter 版：4 TB
硬盘	32 GB	40 GB，外加用于应用程序或数据的其他空间，安装 Server Core 需要 10 GB	
Internet 接入	必备		

实际的需求与计算机配置、服务器需要安装的应用程序和扮演的角色，以及服务功能安装的数量多少都有关系。

3. Windows Server 2012 R2 的安装

Windows Server 2012 R2 提供了两种安装模式。

（1）服务器核心安装

安装完成的 Windows Server 2012 R2 仅提供最小化的环境，可以降低维护与管理需求，减少使用硬盘容量、减少被攻击次数，具有更高的安全性、稳定性和运行效率，但只能使用命令提示符（Command Prompt）、Windows PowerShell 或通过远程计算机来管理此台服务器。此安装支持的服务器角色包括 Active Directory 凭证服务、Active Directory 域服务、Active Directory 轻量型目录服务、DHCP 服务器、DNS 服务器、Hyper-V、打印服务、文件服务、Web 服务器、路由及远程访问服务和流媒体服务等。

（2）带有 GUI 的服务器

安装完成后的 Windows Server 2012 R2 包含图形用户界面（GUI），提供友好的用户界面与图形管理工具，相当于 Windows Server 2008 中的完全安装。带有 GUI 的服务器能够在必要时切换到服务器核心安装所提供的安全环境。

同时，Windows Server 2012 R2 还分为两种安装方式。

① 全新安装。当计算机上没有安装操作系统或需要删除已安装的操作系统时，可利用 Windows Server 2012 R2 DVD 启动计算机，自动运行 DVD 内的安装程序，进行全新安装。

② 升级安装。当计算机上已安装旧版的 64 位 Windows 系统（如 Windows Server 2008 64 位或 Windows Server 2008 R2），在利用 Windows Server 2012 R2 DVD 安装时，可选择升级安装方式，不破坏原系统的各种设置和已安装程序。

4. 云计算操作系统

（1）云计算简介

云计算技术是计算机硬件技术和网络技术发展到一定阶段而出现的一种新的技术模型，通常技术人员在绘制系统结构图时用一朵云符号来表示网络，如图 5-20 所示，"云计算"这个名字就是因此而得名的。

关于云计算，IBM、谷歌等多个公司做了多种定义，如：① 它是一种计算模式，能把 IT 资源、数据、应用作为服务通过网络提供给用户；② 它是一种基础架构管理方法论，能把大量的高度虚拟化的资源管理起来，组成一个大的资源池，用来统一提供服务；③ 它以公开的标准和服务为基础，以互联网为中心，按用户需求，提供安全、快速、便捷的数据存储和网络计算服务。

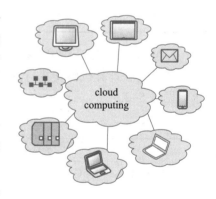

图 5-20 云计算图示

云计算并不是对某一项独立技术的称呼，而是对实现云计算模式所需要的所有技术的总称，其中包括分布式计算技术、数据中心技术、虚拟化技术、云计算平台技术、网络技术、分布式存储技术、服务器技术，以及 Hadoop、HPCC、Storm、Spark 等技术。

一般把云计算架构从下到上划分为 IaaS、PaaS 和 SaaS 三个层次。

① IaaS（Infrastructure as a Service），基础设施即服务，主要包括计算机服务器、通信设备、存储设备等，能够按需求向用户提供计算能力、存储能力或网络能力等基础设施类服务。阿里

云、腾讯云等都可以提供 IaaS 层的虚拟机服务。

② PaaS（Platform as a Service），平台即服务，能提供类似操作系统和开发工具的功能，通过 Internet 为用户提供一整套开发、运行和运营应用软件的支撑平台。用户或者企业基于 PaaS 平台可以快速开发自己所需要的应用和产品。阿里 ACE、百度 BAE 和谷歌 GAE 是目前 PaaS 平台中的知名产品。

③ SaaS（Software as a Service），软件即服务，是一种通过 Internet 提供软件服务的软件应用模式。在该模式下，厂商将应用软件统一部署在自己的服务器上。用户不再花费大量资金用于硬件、软件和开发团队的建设，只需要向厂商订购所需的应用软件服务，并支付一定的租赁费用，就能通过 Internet 享受到相应服务，整个系统的维护全部由厂商负责。许多云上售卖的销售管理系统就是 SaaS 服务。

云计算和每个人都关系密切。随着智能手机、智能电视、平板电脑的发展，随处都可申请云计算服务。用户在使用了某个单位数量的 CPU、带宽，甚至整体打包的 IT 资源后，然后交纳"云费"，就像使用水、电、天然气一样方便，不必考虑软、硬件的不断升级，只要与云计算中心连接，就可满足需求。

（2）云计算操作系统

云计算操作系统又称为云操作系统（云 OS）、云计算中心操作系统，是以云计算、云存储技术作为支撑的操作系统。云计算操作系统是云计算后台数据中心的整体管理运营系统，即构架于服务器、存储设备、网络等基础硬件资源和单机操作系统、中间件、数据库等基础软件之上，管理海量的基础硬件和软件资源的云平台综合管理系统。

云计算操作系统通常由大规模基础软硬件的管理、虚拟计算管理、分布式文件系统、资源调度管理、安全管理等几大模块组成。

简单地说，云计算操作系统有如下作用：管理和驱动海量服务器、存储等基础硬件，将一个数据中心的硬件资源逻辑上整合成一台服务器；为云应用软件提供统一、标准的接口；管理海量计算任务以及资源调配和迁移。

任务 2
配置 DNS 服务

❋　任务描述

希望学校校园网管理员计划使用 B 类 IP 地址 172.16.1.0 用于虚拟网络测试，注册域名假定为 hope.edu.cn。拟将 172.16.1.2 这个 IP 地址作为主域名服务器（DNS 服务器）的 IP 地址，将 172.16.1.3、172.16.1.4、172.16.1.5 和 172.16.1.6 这 4 个 IP 地址分别分配给 DHCP 服务器、Web 服务器、FTP 服务器和 E-mail 服务器使用，并注册相应域名。

管理员当前的主要任务是：如何为本网络架设 DNS 服务器？

✿・任务分析

DNS 服务器能够为客户机完成域名解析。Windows Server 2012 R2 服务器安装了 DNS 服务后，通过建立正向搜索区域和反向搜索区域，为各个服务器创建对应的资源记录，再进行相关设置后就成为一台 DNS 服务器。客户端在网络属性中设置相应 DNS 服务器地址，就能在访问网络资源时，利用 DNS 服务器获得域名解析。

✿✿　方法与步骤

1. 安装 DNS 服务器角色

（1）配置 DNS 服务器的网络属性

运行 Windows Server 2012 R2 虚拟机，为 DNS 服务器设置静态 IP 地址"172.16.1.2"，网络属性配置参数如图 5-21 所示。

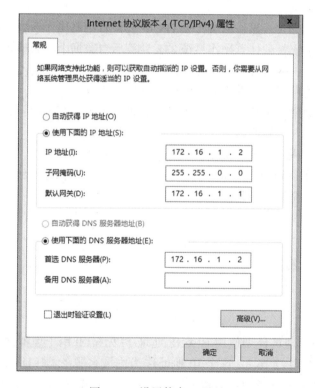

图 5-21　设置静态 IP 地址

（2）DNS 服务器的安装

① 如图 5-22 所示，打开"服务器管理器"，单击"仪表板"，单击"添加角色和功能"，阅读安装向导信息，单击"下一步"按钮，单击选择"基于角色或基于功能的安装"，单击"下一步"按钮，选择"从服务器池中选择服务器"，选择当前服务器，如图 5-23 所示。单击"下

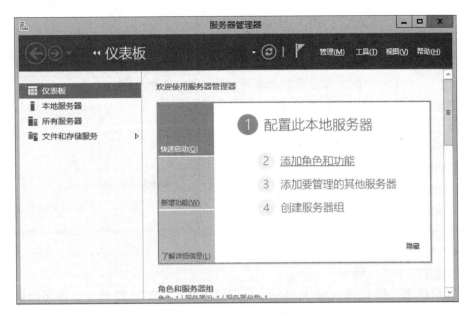

图 5-22　添加角色和功能

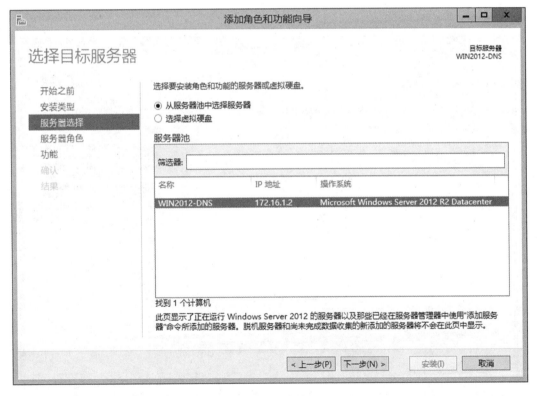

图 5-23　服务器选择

一步"按钮,选择"DNS 服务器工具",在对话
框中单击"添加功能"按钮,如图 5-24 所示,确
认已勾选"DNS 服务器"角色,如图 5-25 所示,
单击"下一步"按钮。选择".NET Framework 4.5
功能",如图 5-26 所示,根据提示单击"下一步"
按钮,单击"安装"按钮,开始角色安装,安装
完成后单击"关闭"按钮。

② 如图 5-27 所示,在服务器管理器窗口中
可以查看 DNS 角色状态。

③ 在服务器管理器窗口中,单击"工具"→
"DNS"菜单命令,可以打开"DNS 管理器"窗口,
进行 DNS 服务器相关配置,如图 5-28 所示。

2. 配置 DNS 区域

(1)创建正向主要区域

DNS 客户机提出的 DNS 请求大部分是要求把主机名解析为 IP 地址,即正向解析。正向
解析由正向查找区域来处理完成,正向查找区域创建步骤如下。

① 打开"DNS 管理器",右击"正向查找区域",单击"新建区域"命令,如图 5-29 所示,
打开"新建区域向导"。

图 5-24 添加功能

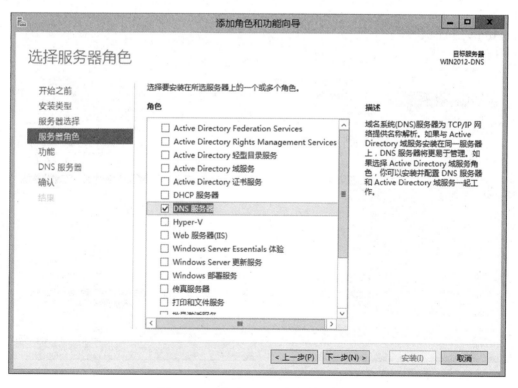

图 5-25 已勾选"DNS 服务器"角色

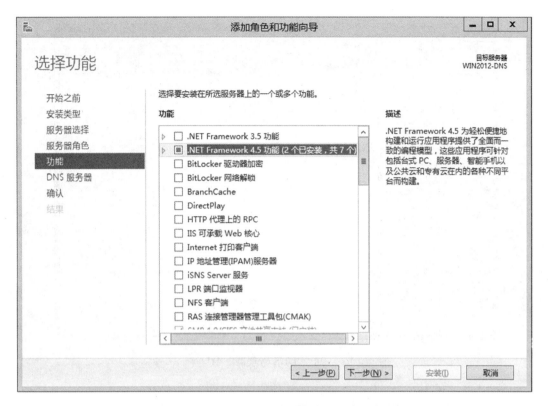

图 5-26　选择功能

图 5-27　DNS 角色状态

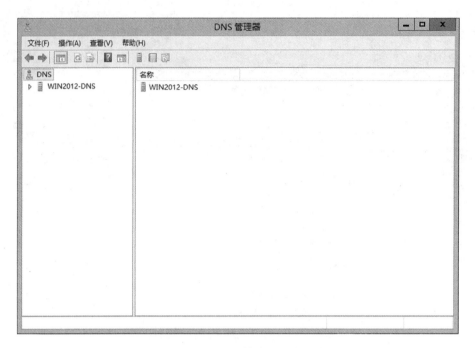

图 5-28　"DNS 管理器"窗口

图 5-29　新建正向区域

② 在"新建区域向导"中，选中"主要区域"，单击"下一步"按钮，如图 5-30 所示。
输入区域名称"hope.edu.cn"，如图 5-31 所示，单击"下一步"按钮，选择创建新区域文件"hope.

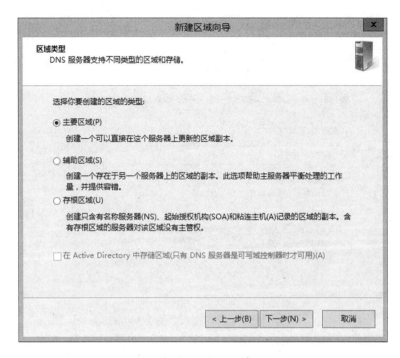

图 5-30　主要区域

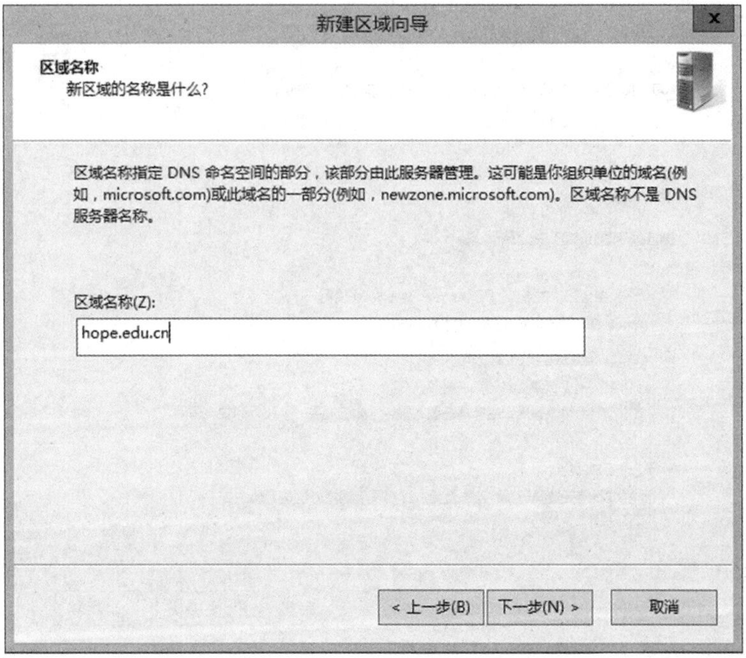

图 5-31　区域名称

edu.cn.dns",如图 5-32 所示,单击"下一步"按钮。选中"不允许动态更新",如图 5-33 所示,单击"下一步"→"完成"按钮,完成操作。

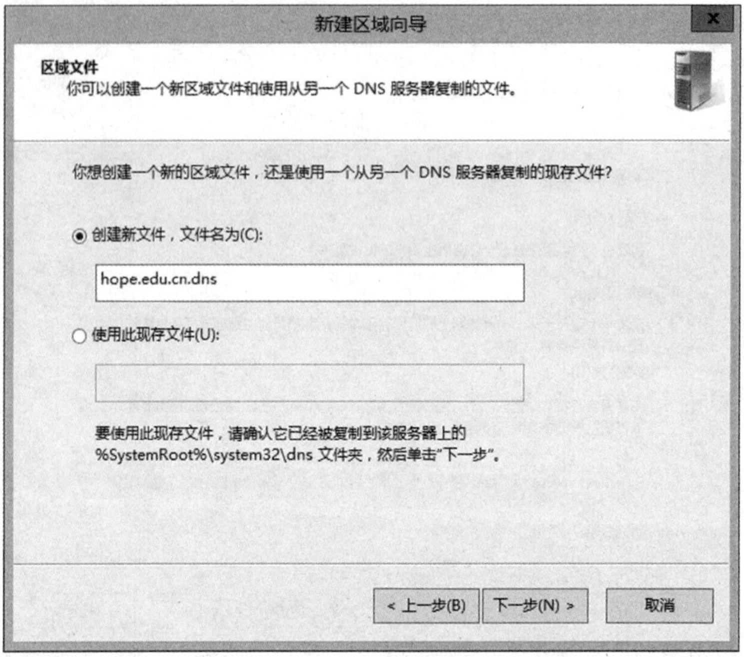

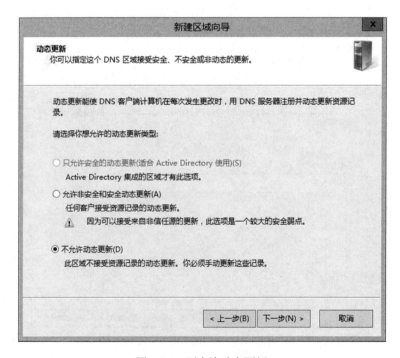

图 5-32 区域文件

图 5-33 不允许动态更新

（2）创建反向主要区域

如果用户希望 DNS 服务器能够提供反向解析功能，以便客户机根据已知的 IP 地址来查询主机的域名，就需要创建反向查找区域，其操作步骤如下。

① 打开"DNS 管理器"，右击"反向查找区域"，单击"新建区域"命令，如图 5-34 所示，打开"新建区域向导"。

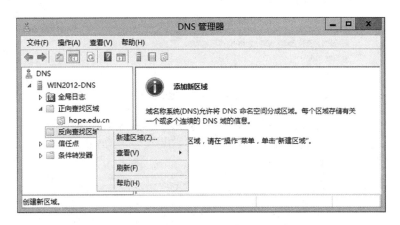

图 5-34   新建反向区域

② 在"新建区域向导"中，选中"主要区域"，单击"下一步"按钮，然后选择"IPv4 反向查找区域"，如图 5-35 所示，单击"下一步"按钮。输入网络 ID"172.16.1"，如图 5-36 所

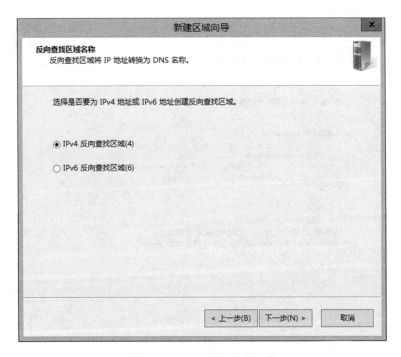

图 5-35   IPv4 反向查找区域

示，单击"下一步"按钮。选择创建新文件，如图 5-37 所示，单击"下一步"按钮。选中"不允许动态更新"，单击"下一步"→"完成"按钮，完成操作。

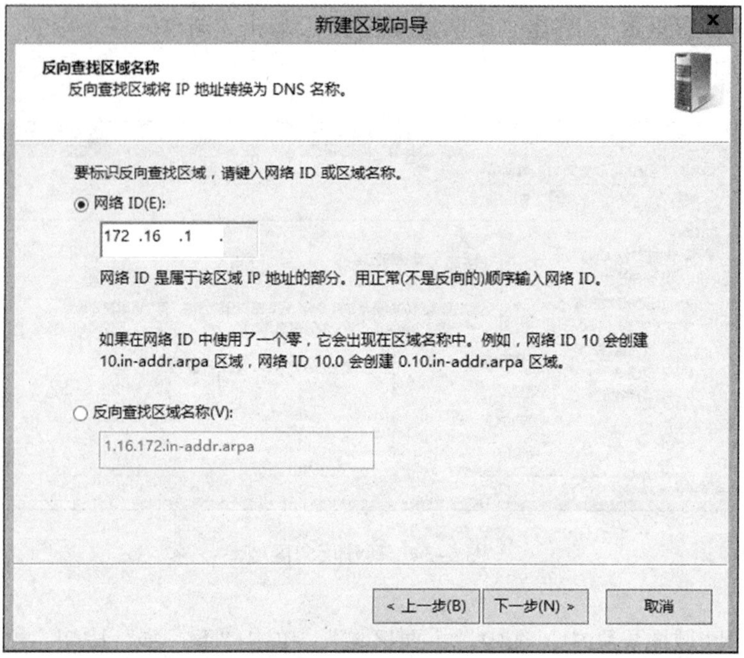

图 5-36　网络 ID

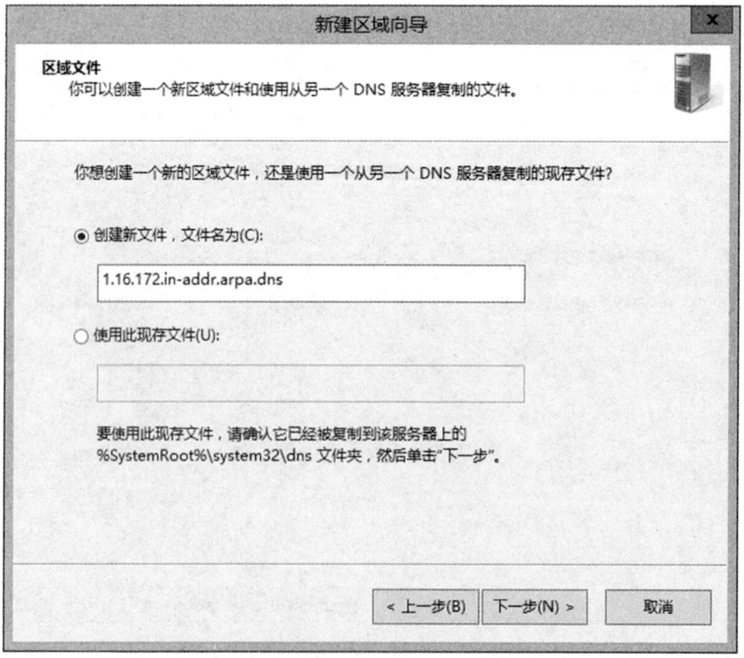

图 5-37　创建新文件

　　如果这台 DNS 服务器负责为多个 IP 网段提供反向域名解析服务，可以按照上述步骤创建多个反向查找区域。

　　（3）在区域中创建资源记录

　　正向区域和反向区域创建完成后，就可以在区域内创建主机等相关数据了，这些数据被称为资源记录。DNS 服务器支持多种类型的资源记录，下面是几种常用资源记录的创建方法。

　　① 新建主机（A）资源记录，主机（A）资源记录主要用来记录正向查找区域内的主机及 IP 地址，用户可通过该类型资源记录把主机域名映射成 IP 地址。

　　新建主机资源记录步骤如下：

　　打开"DNS 管理器"，右击已创建的正向查找区域节点，单击"新建主机（A 或 AAAA）"命令，如图 5-38 所示。输入主机名"dns"和 IP 地址"172.16.1.2"，单击"添加主机"按钮，如图 5-39 所示，即可完成一条主机记录的创建。在图 5-39 所示界面中勾选"创建相关的指针（PTR）记录"

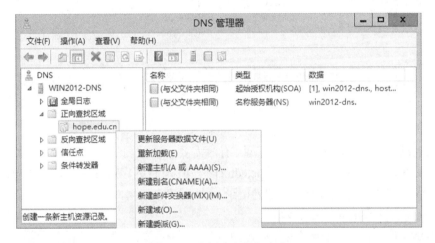

图 5-38　"新建主机"命令

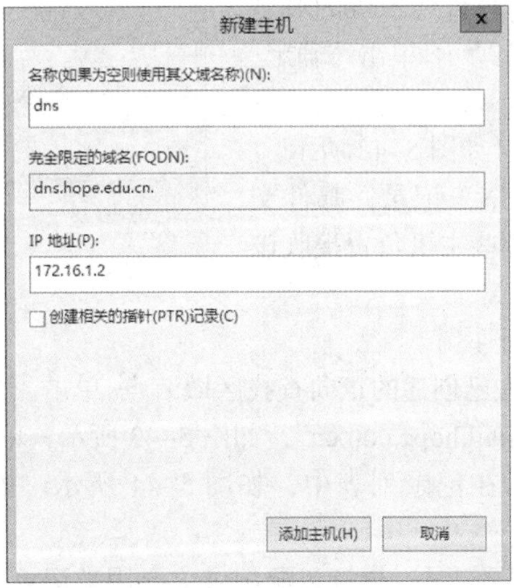

图 5-39　新建主机

可以创建反向搜索区域。

重复上述步骤，为 Web、FTP 和 E-mail 三台服务器创建主机记录，对应的主机名分别是 web、ftp 和 mail，IP 地址分别是"172.16.1.4""172.16.1.5"和"172.16.1.6"，主机记录创建结果如图 5-40 所示。

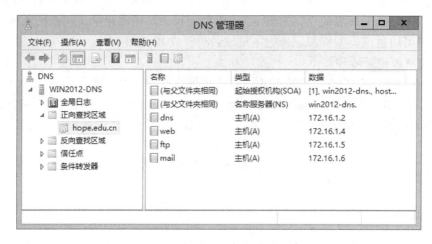

图 5-40　主机记录创建结果

② 新建主机别名（CNAME）资源记录，有时需要为区域内的一台主机创建多个主机名称。例如，Web 服务器的主机名是"web.hope.edu.cn"，但人们更喜欢使用"www.hope.edu.cn"来访问该 web 站点，这时就要用到主机别名记录。

新建主机别名资源记录的步骤如下：

打开"DNS 管理器"，右击已创建的正向查找区域节点，单击"新建别名（CNAME）"命令，输入主机别名"www"和目标主机的域名"web.hope.edu.cn"，如图 5-41 所示，单击"确定"按钮完成创建。

查看别名记录创建结果，如图 5-42 所示。

③ 新建邮件交换器（MX）记录，邮件交换器（MX）记录用来指定哪些主机负责接收该区域的电子邮件。

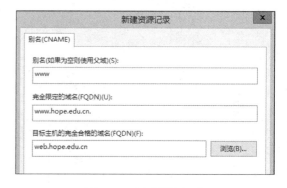

图 5-41　新建别名记录

新建 MX 记录的步骤如下：

打开"DNS 管理器"，右击已创建的正向查找区域节点，单击"新建邮件交换器（MX）"命令，输入邮件服务器的域名为"mail.hope.edu.cn"，如图 5-43 所示，单击"确定"按钮完成创建。

新建的 MX 记录将显示在记录列表中，如图 5-44 所示。该邮件服务器的邮箱格式为 xxx@hope.com.cn。

④ 新建指针（PTR）资源记录，指针资源记录主要用来记录反向查找区域内的 IP 地址及主机，用户可通过该类型资源记录把 IP 地址映射成主机域名。

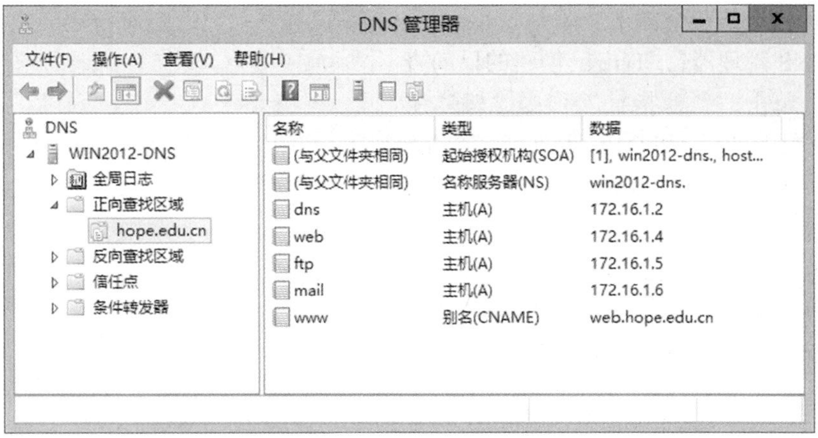

图 5-42　别名记录创建结果

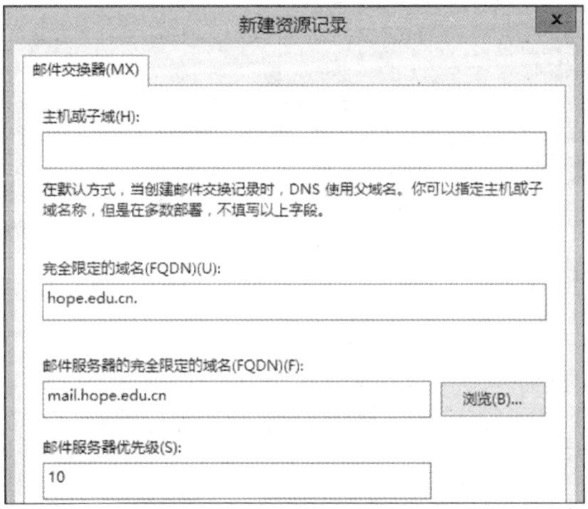

图 5-43　新建 MX 记录

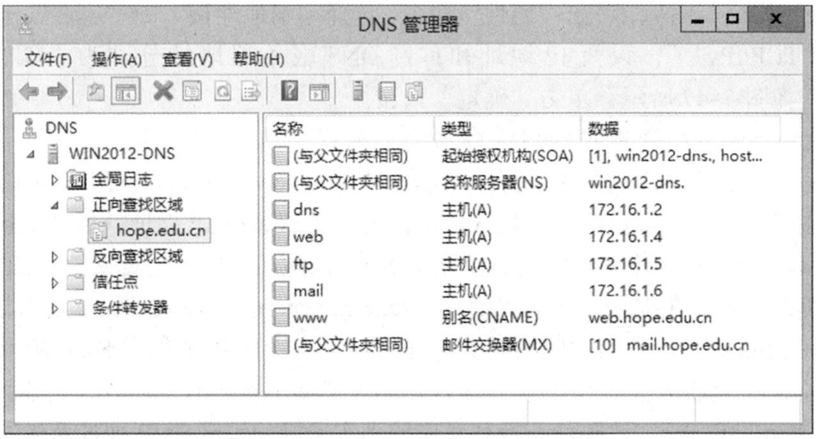

图 5-44　MX 记录创建结果

新建 PTR 记录的步骤如下：

打开"DNS 管理器"，右击已创建的反向查找区域节点，单击"新建指针"命令，输入主机 IP 地址"172.16.1.2"和 DNS 主机域名"dns.hope.edu.cn"，如图 5-45 所示，单击"确定"按钮完成创建。

重复上述步骤，为前面的 Web、FTP 和 E-mail 三台主机记录创建 PTR 记录，查看记录创建结果，如图 5-46 所示。

图 5-45 新建 PTR 记录

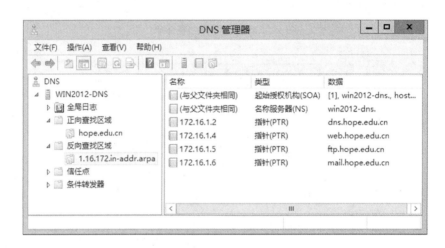

图 5-46 PTR 记录创建结果

3. DNS 客户端的配置和 DNS 服务器测试

（1）客户端（以 Windows 7 系统为例）的网络属性配置

右击桌面"网络"图标，单击"属性"命令，选择"本地连接"→"属性"，选择"Internet 协议版本 4（TCP/IPv4）"，设置 IP 地址和首选 DNS 服务器地址分别为"172.16.1.101"和"172.16.1.2"，如图 5-47 所示，单击"确定"按钮。

（2）使用 nslookup 命令测试 DNS 服务器

① 进入命令提示符窗口，在提示符 > 后输入"nslookup"后按回车键，如图 5-48 所示。

② 测试主机记录。在提示符 > 后输入要测试的主机域名或 IP 地址，如"web.hope.edu.cn"或"172.16.1.4"，再按回车键，这时将显示该主机域名对应的 IP 地址或域名，如图 5-49 所示。

③ 测试别名记录。在提示符 > 后先输入"set type=cname"命令，再输入测试的主机别名，如"www.hope.edu.cn"，该别名对应的真实主机的域名及其 IP 地址如图 5-50 所示。

④ 测试邮件交换器记录。在提示符 > 后先输入"set type=mx"命令，再输入邮件交换器的域名，如"hope.edu.cn"，该邮件交换器对应的真实主机的域名和 IP 地址及优先级如图 5-51 所示。

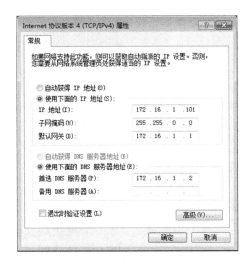

图 5-47　客户机网络属性配置

图 5-48　nslookup 测试命令

图 5-49　测试主机记录

图 5-50　测试别名记录

⑤ 测试指针记录。在提示符 > 后先输入 "set type =ptr" 命令，再输入主机的 IP 地址，如 "172.16.1.5"，该主机对应的域名如图 5-52 所示。

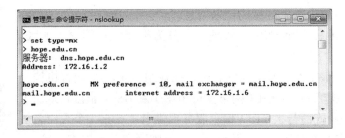

图 5-51　测试邮件交换器记录

图 5-52　测试指针记录

 相关知识

1. DNS 概述

DNS（Domain Name System，域名系统）是 Internet 上作为主机域名和 IP 地址相互映射的一个分布式数据库，能够使用户更方便地访问互联网，不用去记住能够被机器直接读取的 IP 数串。DNS 服务是 TCP/IP 协议簇的一种标准服务。组成 DNS 系统的核心是 DNS 服务器，它保存了主机域名和 IP 地址映射关系的数据库，负责回答客户端的域名查询服务请求。

2. DNS 域名空间

Internet 的主机域名构成了一个分层次的倒置树状结构，树根在最上面。所有联网主机的域名空间被划分为许多不同的域，树根下是最高一级域（顶级域）。每一个顶级域又被分成一系列二级域、三级域和更低级域，如图 5-53 所示，图中有三台主机，域名分别是：ftp.tsinghua.edu.cn、www.tsinghua.edu.cn 和 mail.tsinghua.edu.cn。

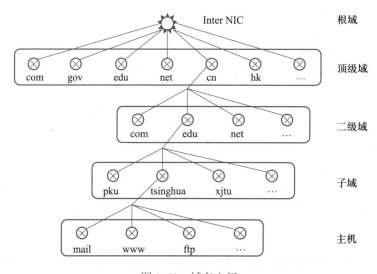

图 5-53   域名空间

域名系统使用名字信息进行管理，被存储在 DNS 服务器的分布式数据库中。每个 DNS 服务器都有一个数据库文件，其中包含域名树中某个区域的记录信息。

域名空间的根由 Internet Network Center（InterNIC）管理，它分为类属域、国家（地区）域和反向域。

类属域代表申请该域名的组织类型。最初有 7 种类属域，com（商业组织）、edu（教育机构）、gov（政府部门）、int（国际组织）、mil（军事部门）、net（网络支持组织）和 org（非营利组织）。后来又增加了 arts（文化组织）、firm（企业或商行）、info（信息服务提供者）、nom（个人命名）、rec（消遣娱乐组织）、shop（提供可购买物品的商店）以及 web（与万维网有关的组织）等。

国家（地区）域的格式与类属域的格式一样，但使用 2 个字符的国家（地区）缩写，如 cn（中国大陆）、us（美国）、jp（日本）、uk（英国）、hk（中国香港）等。

反向域用来将一个 IP 地址映射为域名，这类查询称为反向解析或指针（PTR）查询。指针查询需要在域名空间中增加反向域，反向域的第一级节点为 arpa，第二级节点是 in-addr（表示反向地址），域的其他部分是 IP 地址。

3. 域名解析

DNS 服务采用的是客户机 / 服务器（Client/Server，C/S）工作模式。DNS 服务器将域名映射为 IP 地址或将 IP 地址映射为域名，都称为域名解析。解析过程需要调用 DNS 客户机，即解析程序，由解析程序提出域名解析请求。

（1）域名解析方式

当 DNS 客户机向 DNS 服务器提出域名解析请求，或者一台 DNS 服务器（此时这台 DNS 服务器扮演 DNS 客户机角色）向另外一台 DNS 服务器提出域名解析请求时，有两种解析方式。

第一种是递归解析，要求域名服务器系统一次性完成全部域名和地址之间的映射，也就是解析程序期望服务器提供最终解答。若服务器是该域名的授权服务器，就检查其数据库并响应；若服务器不是该域名的授权服务器，则该服务器将请求发送给另一个服务器并等待响应，直到查找到该域名的授权服务器，并把响应的结果发送给请求的客户机。

第二种是迭代解析，每一次请求一个服务器，不行再请求别的服务器。换言之，若服务器是该域名的授权服务器，就检查其数据库并响应，从而完成解析；若服务器不是该域名的授权服务器，就返回认为可以解析这个查询的服务器的 IP 地址，客户机向第二个服务器重复查询，若新找到的服务器能解决这个问题，就响应并完成解析；否则，就向客户机返回一个新服务器 IP 地址。客户机如此重复同样的查询，直到找到该域名的授权服务器。

在实际应用中，往往是将这两种解析方式结合起来使用，如图 5-54 所示为解析 www.abc.com 主机 IP 地址的全过程。

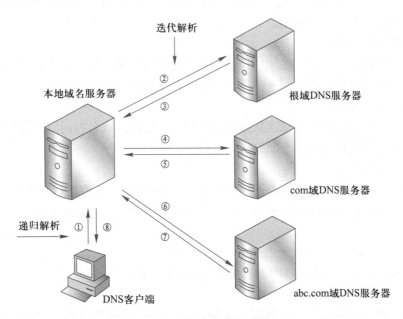

图 5-54 域名解析的过程

① 客户机的域名解析器向本地域名服务器发出 www.abc.com 域名解析请求。

② 本地域名服务器未找到 www.abc.com 对应地址，则向根域服务器发送 com 的域名解析请求。

③ 根域服务器向本地域名服务器返回 com 域名服务器的地址。

④ 本地域名服务器向 com 域名服务器提出 abc.com 域名解析请求。

⑤ com 域名服务器向本地域名服务器返回 abc.com 域名服务器的地址。

⑥ 本地域名服务器向 abc.com 域名服务器提出 www.abc.com 域名解析请求。

⑦ abc.com 域名服务器向本地域名服务器返回 www.abc.com 主机的 IP 地址。

⑧ 本地域名服务器将 www.abc.com 主机的 IP 地址返回给客户机。

（2）正向解析和反向解析

正向解析是将域名映射为 IP 地址。要实现正向解析，必须在 DNS 服务器内创建一个正向解析区域。例如，DNS 客户机可以查询主机名称为 www.hope.edu.cn 的 IP 地址，结果是 172.16.1.4。

反向解析是将 IP 地址映射为域名。要实现反向解析，必须在 DNS 服务器中创建反向解析区域。反向域名由两部分组成，域名前半段是其网络 ID 反向书写，后半段必须是 in-addr.arpa。例如，要对网络 ID 为 172.16.1.0 的 IP 地址来提供反向解析功能，则此反向域名必须是 1.16.172. in-addr.arpa。

4. 域名服务器

域名服务器能够存储域名的分布式数据库，并为 DNS 客户端提供域名解析，它是按照域名层次来安排的，每个域名服务器都只对域名体系中的一部分进行管辖。根据用途不同，域名服务器有以下几种类型。

（1）主域名服务器

它负责保存和维护特定区域所有域名信息的数据库，该数据库是该区域的权威信息源，只有系统管理员可以修改其中的数据。

（2）辅助域名服务器

当主域名服务器出现故障、关闭或负载过重时，由辅助域名服务器提供域名解析服务，其区域文件是从其他域名服务器复制来的副本，数据无法修改。

（3）缓存域名服务器

它没有域名数据库，但能把每次从远程域名服务器取得的域名查询回答数据存放在高速缓存中，在以后查询相同信息时用于回答。

（4）转发域名服务器

它负责所有非本地域名的本地查询。在接收到查询请求时，先在缓存中查找，如果找不到，就把请求依次转发到指定的域名服务器，直到查询到结果为止，否则返回无法解析映射的结果信息。

5. DNS 区域类型

Windows Server 2012 支持的 DNS 区域类型有以下三种。

（1）主要区域（Primary Zone）

它保存的是该区域中所有主机数据记录的正本。当在 DNS 服务器内创建主要区域后，可直接在此区域内新建、修改和删除记录，区域内的记录可以存储为标准 DNS 格式文件或保存在 Active Directory 数据库中。

（2）辅助区域（Secondary Zone）

它保存的是从主要区域传送来的该区域内所有主机数据的副本，此副本是一个标准 DNS 格式的只读型文本文件。当在 DNS 服务器内创建了一个辅助区域后，该服务器就成为该区域的辅助域名服务器。

（3）存根区域（Stub Zone）

存根区域只保存名称服务器（Name Server，NS）、授权启动（Start of Authority，SOA）及主机（Host）记录的区域副本，含有存根区域的服务器无权管理该区域的资源记录。

6. 常用 DNS 资源记录（Resource Record）

资源记录是 DNS 数据库（即区域文件）中的一种标准结构单元，里面包含了用来处理 DNS 查询的信息。资源记录有多种类型，常用 DNS 资源记录类型见表 5-3。

表 5-3　常用 DNS 资源记录类型

记录类型	缩写	说明
主机记录	A 或 AAAA	把主机名解析为 IPv4 或 IPv6 地址
别名记录	CNAME	把一个主机名解析为另一个主机名
邮件服务器记录	MX	提供邮件服务器主机名和优先值
指针记录	PTR	把 IP 地址解析为主机名
起始授权机构记录	SOA	每个区域文件中的第一个记录
服务器资源记录	SRV	解析提供服务的服务器的名称
名称服务器记录	NS	标示每个区域的 DNS 服务器

任务 3
安装 DHCP 服务

✳ 任务描述

希望学校校园网中有上百台计算机，给每台计算机分配合适的 IP 地址，是维持整个网络正常通信的基本要求。对于网络管理员来说，要对几百台计算机进行手工配置 IP 地址的工作量相当大，而且难免会出现 IP 地址冲突或出错的现象，需要时刻注意维护。如何准确高效地完成这项工作，避免 IP 地址出错，是每个网络管理员面临的重要任务。可是，网络管理员该如何去做呢？

⚙ 任务分析

DHCP（动态主机配置协议）是应用层重要的网络服务。安装 DHCP 协议的服务器收到客户端请求后，会根据网络环境为客户端自动分配包括 IP 地址、子网掩码、默认网关和 DNS 服务器地址等参数。所以在 Windows Server 2012 R2 服务器中安装 DHCP 服务, 使它成为整个网络的 DHCP 服务器, 实现客户端 IP 地址的自动分配设置, 这是网络管理员提高网络维护工作效率的必要手段。

方法与步骤

1. DHCP 服务器角色的安装和配置

（1）配置 DHCP 服务器的网络属性

运行 Windows Server 2012 虚拟机, 为 DHCP 服务器设置静态 IP 地址 "172.16.1.3", 网络属性配置参数如图 5-55 所示。

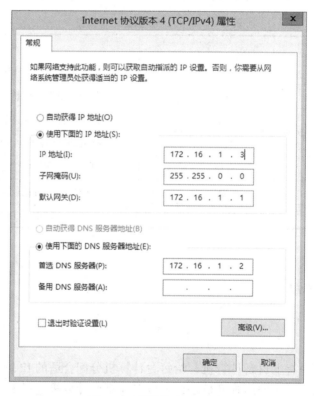

图 5-55　设置静态 IP 地址

（2）安装 DHCP 服务

① 打开 "服务器管理器", 单击 "仪表板", 单击 "添加角色和功能", 阅读安装向导信息, 单击 "下一步" 按钮, 单击选择 "基于角色或基于功能的安装", 单击 "下一步" 按钮, 单击选择 "从服务器池中选择服务器", 选择当前服务器, 如图 5-56 所示, 单击 "下一步" 按钮, 选择 "DHCP 服务器工具", 在弹出的对话框中单击 "添加功能" 按钮, 确认已勾选 "DHCP 服务器", 如图 5-57 所示, 单击 "下一步" 按钮, 选择默认的 ".NET Framework 4.5 功能",

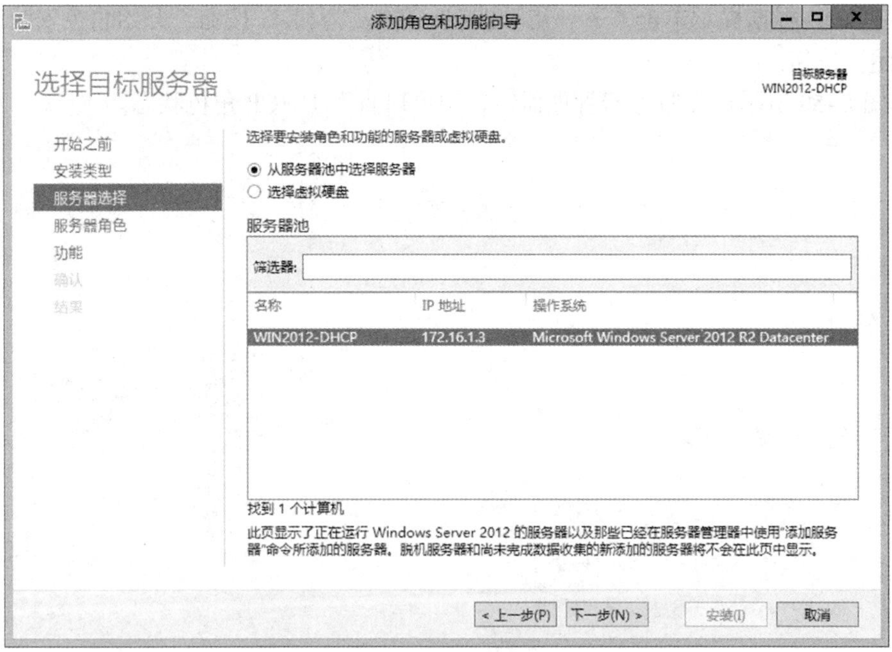

图 5–56　服务器选择

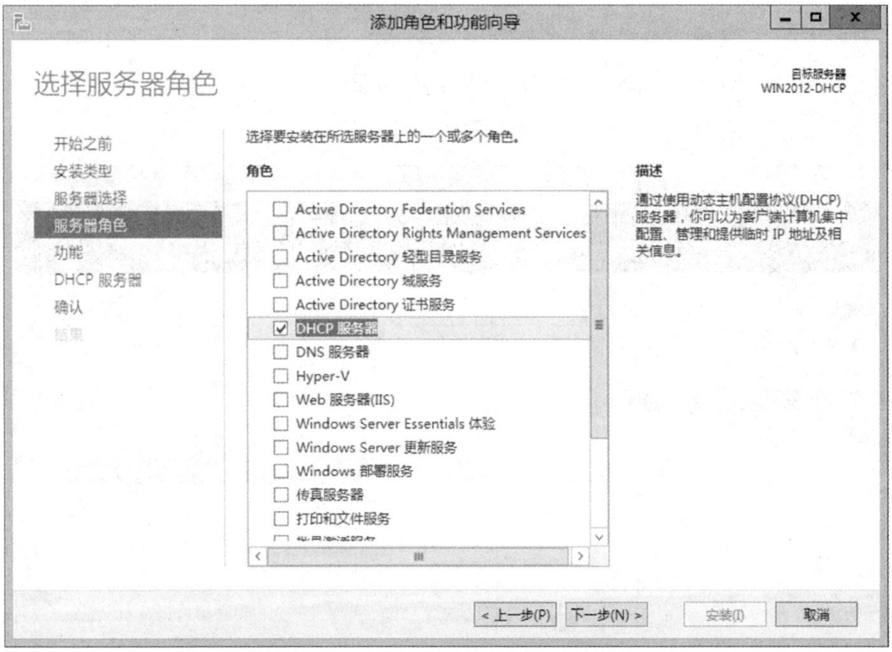

图 5–57　已勾选 DHCP 服务器角色

如图 5-58 所示，根据提示单击"下一步"按钮，单击"安装"按钮，开始角色安装，完成后，单击"关闭"按钮。

②如图 5-59 所示，在服务器管理器窗口中可以查看 DHCP 角色状态。

图 5-58　选择功能

图 5-59　DHCP 角色状态

③ 单击"工具"→"DHCP"菜单命令,可以打开 DHCP 管理器窗口进行相关配置,如图 5-60 所示。

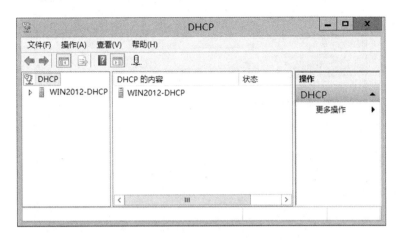

图 5-60　DHCP 管理器窗口

（3）创建 DHCP 作用域

展开 DHCP 管理器右侧节点树,右击"IPv4 节点",单击"新建作用域"命令,打开"新建作用域向导",单击"下一步"按钮,输入作用域名称和描述分别为"HOPE 学校网络中心""为 HOPE 学校计算机分配 IP 地址"（图 5-61）,单击"下一步"按钮,输入 IP 地址范围、长度和子网掩码（图 5-62）,单击"下一步"按钮,输入要排除的起始、结束 IP 地址（图 5-63）。单击"添加"按钮,单击"下一步"按钮,设置租约期限,单击"下一步"按钮,选中"是,我

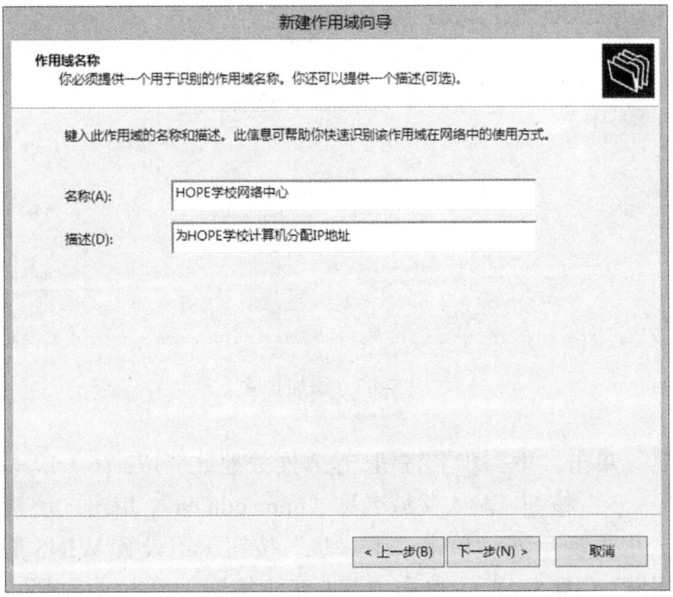

图 5-61　作用域名称和描述

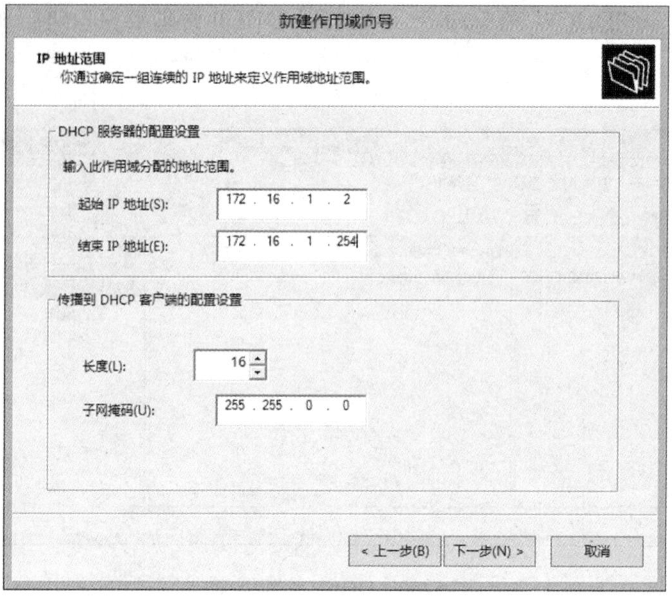

图 5-62   IP 地址范围

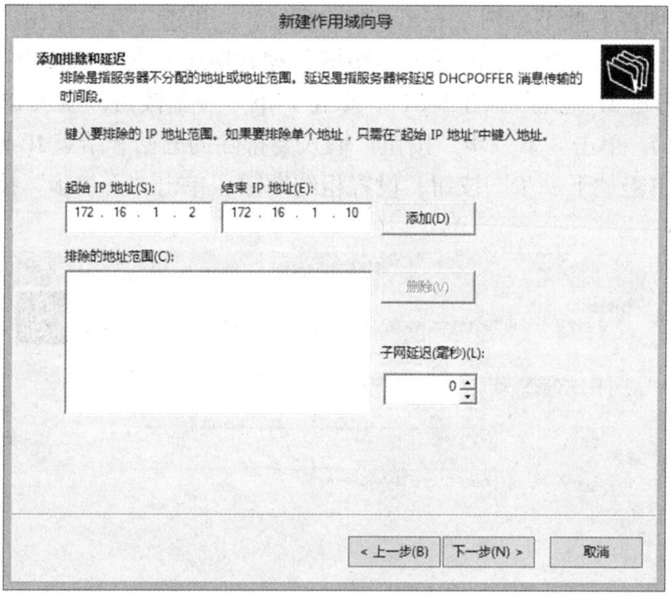

图 5-63   添加排除

想现在配置这些选项",单击"下一步"按钮,输入网关地址"172.16.1.1"(图 5-64),单击"添加"按钮,单击"下一步"按钮,输入父域名称"hope.edu.cn",单击"解析"按钮(图 5-65),单击"添加"按钮,根据提示连续单击"下一步"按钮(不设置 WINS 服务器),选中"是,我想现在激活此作用域"(图 5-66),单击"下一步"按钮,单击"完成"按钮。如图 5-67 所示的是创建完成的作用域。

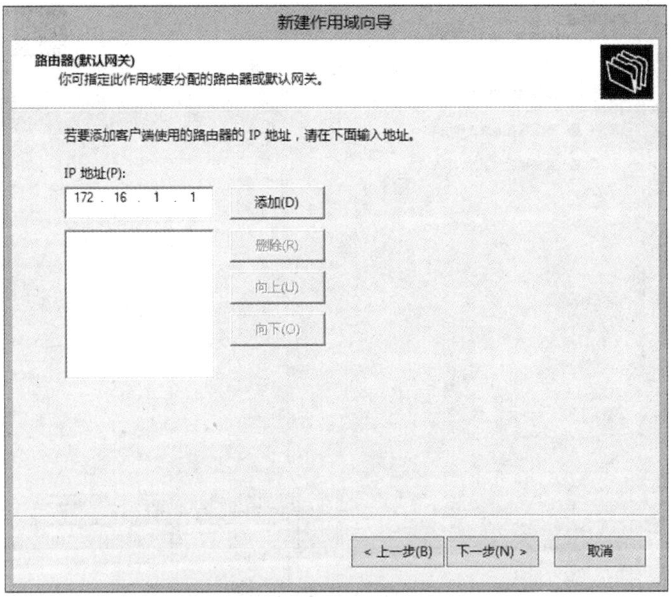

图 5-64　路由器（默认网关）

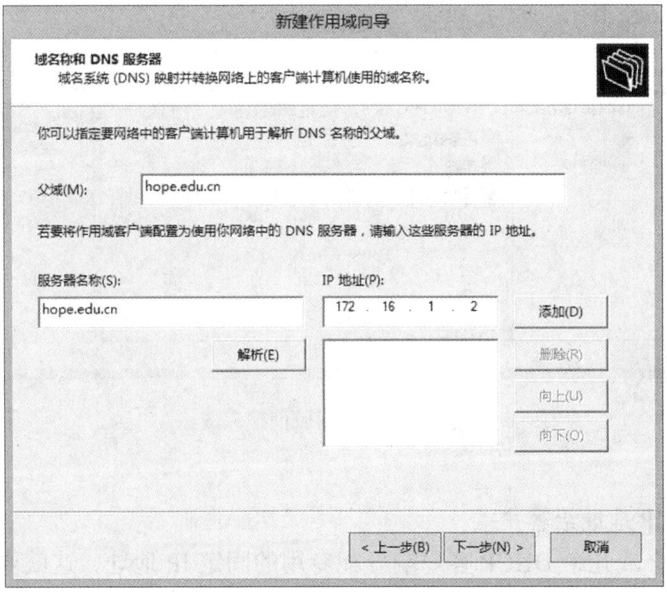

图 5-65　域名称和 DNS 服务器

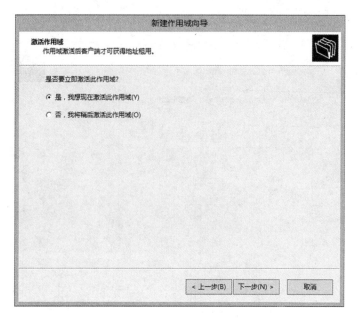

图 5-66　激活作用域

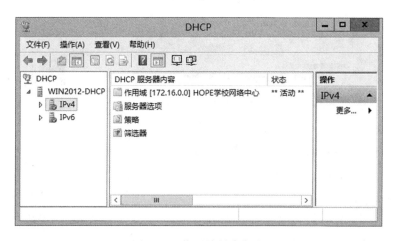

图 5-67　作用域创建完成

（4）保留特定 IP 地址给客户端

有时需要给某个或几个 DHCP 客户端分配专用的固定 IP 地址，这就要使用 DHCP 服务器提供的保留功能来实现。当这个 DHCP 客户端每次向 DHCP 服务器请求获得 IP 地址或更新 IP 地址租期时，DHCP 服务器都会给该 DHCP 客户端分配一个相同的 IP 地址。

例如，校长办公室计算机需要分配特定的 IP 地址"172.16.1.88"，可进行如下操作：打开 DHCP 管理器，单击展开作用域节点及其子节点，右击"保留"节点，如图 5-68 所示，单击"新建保留"命令，输入保留名称、IP 地址和 MAC 地址等，如图 5-69 所示，单击"添加"按钮完成操作。创建的保留 IP 地址显示在列表中，如图 5-70 所示。

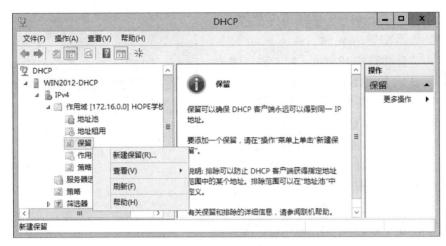

图 5-68　"新建保留"命令

图 5-69　"新建保留"对话框

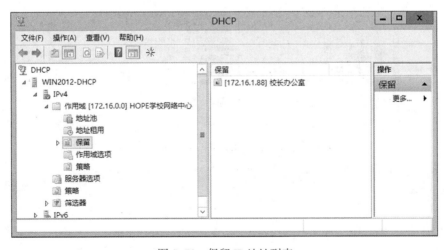

图 5-70　保留 IP 地址列表

2. 配置 DHCP 客户端与 DHCP 服务测试

DHCP 服务器配置完成后，接入网络的客户机要设置为"自动获取 IP 地址"，才能自动从 DHCP 服务器获取 IP 地址等信息。配置 DHCP 客户端，进行 DHCP 服务测试的操作步骤如下。

① 打开客户机"本地连接"属性窗口，在 "Internet 协议（TCP/IP）属性"对话框中选中"自动获得 IP 地址"和"自动获得 DNS 服务器地址"两项，单击"确定"按钮，如图 5-71 所示，完成配置。

② 打开客户机"命令提示符"窗口，在提示符后执行"ipconfig /all"命令，查看到客户端获取到的 IP 地址等参数，以及租约情况，如图 5-72 所示。

③ 用户在客户机上还可以通过执行"ipconfig/renew"命令来更新 IP 地址租约，执行"ipconfig/release"命令释放 IP 地址租约。

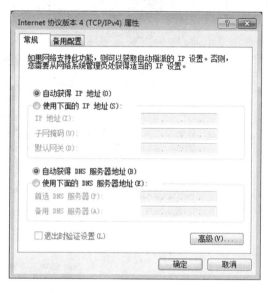

图 5-71　客户端 Internet 属性

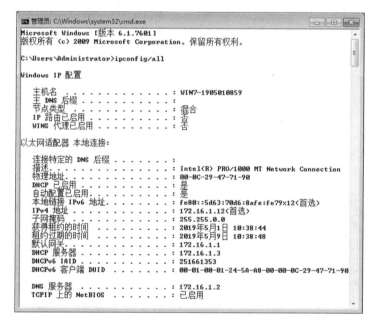

图 5-72　客户端获取的 IP 地址参数

 相关知识

1. DHCP 简介

DHCP（Dynamic Host Configuration Protocol，动态主机配置协议）通常被应用在大型的局

域网络环境中，主要作用是集中管理、分配 IP 地址，使网络环境中的主机动态地获得 IP 地址、网关地址、DNS 服务器地址等信息，并能够提升地址的使用率。

（1）DHCP 的作用

在 TCP/IP 网络中，配置 IP 地址和一些重要的 TCP/IP 参数是网络管理员的基本工作之一。当网络规模较小时，配置工作容易完成，但当网络中计算机的数目成百上千时，配置管理工作将变得十分繁重。通过在网络中配置 DHCP 服务器，DHCP 服务可以为网络内的计算机自动分配指定网段的 IP 地址，并配置一些重要的 IP 选项，如默认网关等。

在网络中通常会有一些计算机需要提供服务给其他计算机使用，这些计算机需要配置相对稳定的网络地址，以方便其他计算机查找。DHCP 服务提供了保留地址功能，能将保留的部分 IP 地址固定分配给一些特定主机，这样既能保留固定地址分配方案中 IP 地址与计算机名的相关性，又能集中对所有客户端进行配置和管理。

（2）DHCP 的优点

① 安全可靠。DHCP 避免了手动设置 IP 地址等参数所产生的错误，同时也避免了把一个 IP 地址分配给多台工作站所造成的地址冲突。

② 网络配置自动化。使用 DHCP 服务器大大缩短了配置或重新配置网络中工作站所花费的时间。

③ IP 地址变更自动化。DHCP 地址租约的更新过程将有助于用户确定哪个客户的设置需要经常更新（如使用笔记本电脑的客户经常更换使用地点），且这些变更由客户机与 DHCP 服务器自动完成，无须网络管理员干涉。

2. DHCP 的工作过程

DHCP 服务基于客户机 / 服务器（C/S）工作模式。DHCP 服务器负责监听客户端的请求，并向客户端发送预定的网络参数，管理员在 DHCP 服务器上必须配置所需要提供给客户端相应的网络参数和自动分配的 IP 地址范围、地址租约长度等参数；客户端只需要将 IP 地址参数设置为自动获取即可。DHCP 的工作过程如下：

（1）请求租约

当某台客户机第一次启动或初始化 TCP/IP 时，租约生成过程开始，客户机会向网络上发送一个以 0.0.0.0 为源地址，以 255.255.255.255 为目的地址的 DHCPDISCOVER 广播消息，进行 IP 寻址请求。网络上所有的 DHCP 服务器都能够接收到此请求。

（2）提供租约

如果某台 DHCP 服务器有一个 IP 地址，而且对该客户机连接的网络段来说是合法的，就会给客户机回答一个 DHCPOFFER 消息，其中包含客户机的硬件地址、所提供的 IP 地址、子网掩码、租约期限长度、服务器标识符等内容。

（3）选择 IP 租约

DHCP 客户机在接收到第一个提供的 DHCPOFFER 后，会广播一个 DHCPREQUEST 消息作为回应，这个消息包含发出消息的服务器标志，非此标志的 DHCP 服务器将回收它们提供的 DHCPOFFER。

（4）确认 IP 租约

提供被接受的 DHCP 服务器将广播一个 DHCPACK 消息来确认成功租约，此消息包含这个 IP 地址的合法租约及其他配置信息。客户机接收到该确认消息后，TCP/IP 协议即时利用

DHCP 服务器提供的配置信息初始化。

3. 手动和自动进行 TCP/IP 配置

在使用 TCP/IP 协议的网络中，每台计算机都必须有一个 IP 地址，通过此 IP 地址与网络上的其他计算机进行通信。IP 地址常用的配置方法有以下两种。

（1）手动配置 TCP/IP

在手动配置时，用户必须在每台计算机上手工输入 IP 地址参数。错误或无效的 IP 地址，将可能导致计算机和网络无法正常通信。对于网络中的服务器、路由器等设备需要使用固定的 IP 地址，通常使用手动配置 TCP/IP 参数。但是在某些网络环境下，需要计算机在不同子网间频繁移动时，手动配置会给用户带来许多麻烦。

（2）自动配置 TCP/IP

使用 DHCP 服务器可以自动配置 TCP/IP 参数，用户无须申请固定 IP 地址和手工配置参数。这种方式保证了网络中的客户端能够获得正确的网络配置信息，避免了 IP 地址冲突、网络配置错误等问题。即使网络结构发生变化，DHCP 服务器也能自动为客户端提供正确的 TCP/IP 参数，保证正常网络通信。

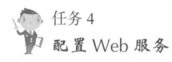

任务 4
配置 Web 服务

❋ 任务描述

希望学校在校园网筹建时，就已组织专业人员制作了展示学校日常活动及相关信息的 Web 网页，并准备发布在 Web 网站上。假设学校的 Web 服务器的主机名是 Web，域名是 www. hope.edu.cn，IP 地址是 172.16.1.4，需要在 DNS 服务器中进行注册和解析。网络管理员如何操作服务器，才能将 Web 网站发布？

任务分析

Web 网站的发布需要在 Web 服务器上进行，安装了 IIS 组件和 Web 服务的服务器称为 Web 服务器。虽然已经内置了 IIS 8.0，但是 Windows Server 2012 R2 操作系统在默认情况下并没有安装它。所以，需要在服务器上先安装 IIS 8.0 组件和 Web 服务，再进行 Web 站点的创建、配置和测试，最后才能发布 Web 网站。

方法与步骤

1. Web 服务器角色安装

（1）安装 Web 服务的准备工作

① 运行 Windows Server 2012 虚拟机，为 Web 服务器设置静态 IP 地址"172.16.1.4"，网络属性配置参数如图 5-73 所示。

② 在 DNS 服务器为 Web 站点注册域名 "www.hope.edu.cn"，供用户访问。

③ 将 Web 网站网页文件保存在非 C 盘的 NTFS 分区（如 E 盘），提高访问安全性。

（2）安装 Web 服务器（IIS）角色

① 打开"服务器管理器"，单击"仪表板"，单击"添加角色和功能"，阅读安装向导信息，单击"下一步"按钮，单击选择"基于角色或基于功能的安装"，单击"下一步"按钮，单击选择"从服务器池中选择服务器"，选择当前服务器，单击"下一步"按钮，选择"Web 服务器（IIS）"，在弹出的对话框中单击"添加功能"按钮，确认已勾选"Web 服务器（IIS）"，如图5-74 所示，单击"下一步"按钮。在"选择功能"中勾选"ASP.NET 4.5"，如图 5-75 所示。根据

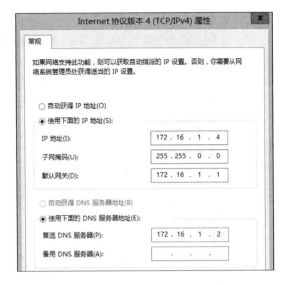

图 5-73　设置静态 IP 地址

提示单击"下一步"按钮后勾选"Web 服务器"角色服务，如图 5-76 所示，单击"安装"按钮，开始功能安装，显示安装成功，单击"关闭"按钮。

② 打开"服务器管理器"，单击左侧"IIS"，查看 Web 服务器状态，单击"工具"→"IIS 管理器"菜单命令，在打开 IIS 管理器窗口后可进行 Web 站点管理配置。可以看到，安装 IIS 后自动创建了一个名为"Default Web Site"的站点，如图 5-77 所示，其主目录自动指定为

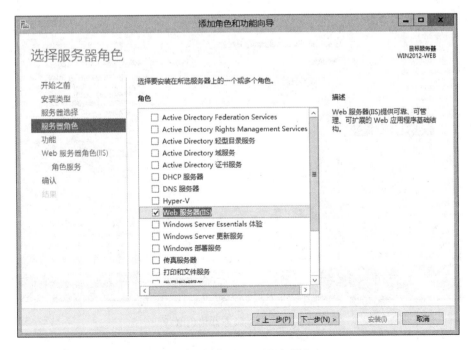

图 5-74　已勾选 Web 服务器角色

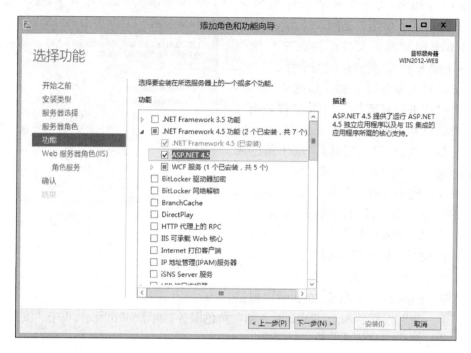

图 5-75 选择功能

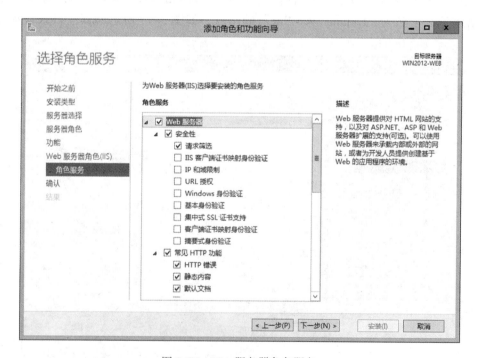

图 5-76 Web 服务器角色服务

图 5-77 IIS 管理器窗口

"%Systemdrive%\Inetpub\wwwroot"。

③ 在一台客户机的浏览器地址栏中输入"http://< 服务器 IP 或域名 >/",如能看到如图 5-78 所示的界面，说明 Web 服务器已安装成功。

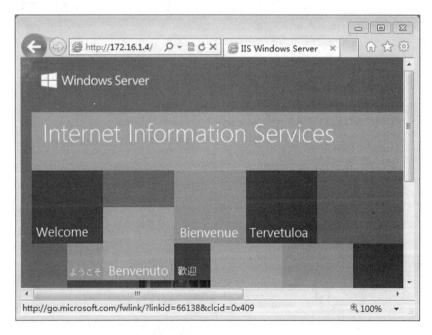

图 5-78 测试访问 Default Web Site

2. Web 站点的创建与配置管理

（1）创建 Web 站点

① 打开 IIS 管理器，右击"网站"节点，单击"添加网站"命令，输入网站名称"HOPE 学校网站主页"，选择物理路径，绑定 IP 地址和端口号，如图 5-79 所示，单击"确定"按钮。

② 打开 IIS 管理器，右击"Default Web Site"节点，单击"管理网站"→"停止"命令，如图 5-80 所示，将默认站点停止。

③ 在新建的 Web 站点主目录中新建网页文件 index.htm，如图 5-81 所示。

④ 在客户机进行新建 Web 站点访问测试，结果如图 5-82 所示。

（2）管理配置 Web 站点

① 更改网站名称。打开 IIS 管理器窗口，右击该站点名称，单击"重命名"命令，输入新的网站名称。

图 5-79 "添加网站"对话框

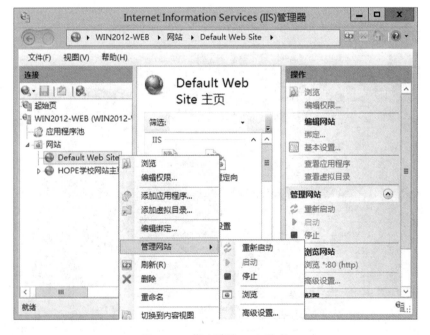

图 5-80 停止默认 Web 站点

图 5-81　主目录与网页文件

②绑定 IP 地址、域名和端口号。打开 IIS 管理器,右击站点名称,单击"编辑网站"→"绑定"命令,在对话框中重新设置 IP 地址、域名或端口号。如图 5-83 和图 5-84 所示,分别是添加域名和修改端口号后对 Web 站点的访问路径。

③设置网站发布主目录。打开 IIS 管理器,右击站点名称,单击"编辑网站"→"基本设置"命令,在弹出的"编辑网站"对话框中,设置"物理路径",如图 5-85 所示,单击"确定"按钮。

图 5-82　测试访问新建 Web 站点

图 5-83　添加域名后的访问路径

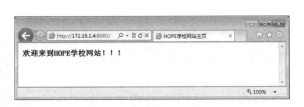

图 5-84　修改端口号后的访问路径

图 5-85　编辑网站基本设置

注意：考虑到数据安全和存储空间，Web 主目录应保存在非系统分区或其他硬盘的 NTFS 分区中。

④ 设置主目录访问权限。打开 IIS 管理器，右击站点名称，单击"编辑权限"命令，在弹出的对话框中单击"安全"选项卡，单击"编辑"→"添加"按钮，添加用户并设置权限，如图 5-86 所示，单击"确定"按钮完成。

⑤ 设置网络限制。打开 IIS 管理器，单击站点名称→"配置"→"限制"命令，在弹出的对话框中输入限制带宽、连接超时和限制连接数的数值，如图 5-87 所示，单击"确定"按钮完成。

⑥ 设置网站的默认文档。打开 IIS 管理器，单击站点名称，在功能视图中双击"默认文档"，单击"添加"按钮，输入新的默认文档名称，如图 5-88 所示，单击"确定"按钮后单击选择文档名称，单击"上移""下移"或"删除"按钮进行默认文档顺序调整或删除，如图 5-89 所示。

图 5-86　用户权限设置

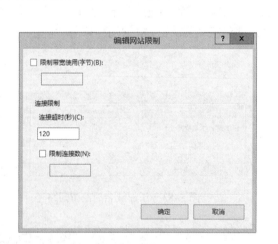

图 5-87　编辑网站限制

图 5-88　添加默认文档

3. 创建 Web 网站实际目录与虚拟目录

对于一个小型 Web 网站，管理员可能会将所有网页及相关文件存放在网站的主目录下；对于一个较大的网站，管理员通常是把网页及相关文件进行分类，然后分别保存在主目录下的子文件夹中，这些子文件夹称为实际目录（Physical Directory）。

如果要通过主目录以外的其他文件夹来发布网页，就需要创建虚拟目录（Virtual Directory）。虚拟目录不包含在主目录中，但有一个别名，客户机在浏览器中通过访问这个别名，

图 5-89　管理默认文档

就能浏览虚拟目录。

下面通过一个实际目录和一个虚拟目录的创建管理实例，说明二者的区别。

（1）创建实际目录

打开 Web 站点主目录，新建文件夹"music"，在 music 文件夹中新建文件"index.htm"，如图 5-90 所示，打开 IIS 管理器，单击站点名称，单击"内容视图"，查看 music 文件夹及内容，如图 5-91 所示。在客户机访问实际目录如图 5-92 所示。

图 5-90　创建实际目录与文件

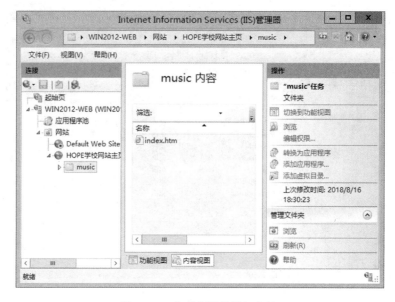

图 5-91　查看实际目录与文件

（2）创建虚拟目录

在计算机 D 盘中新建文件夹"视频"，在该文件夹中新建文件"index.htm"，如图 5-93 所示，打开 IIS 管理器，单击站点名称，单击"内容视图"，在右侧窗格中单击"添加虚拟目录"，输入别名"video"和物理路径，如图 5-94 所示，单击"确定"按钮，可以

图 5-92　访问实际目录

查看虚拟目录及内容，如图 5-95 所示。在客户机访问虚拟目录如图 5-96 所示。

图 5-93　创建虚拟目录与文件

图 5-94　添加虚拟目录

图 5-95　查看虚拟目录及内容

图 5-96　访问虚拟目录

 相关知识

　　1. Web 服务器角色概述

　　（1）Web 服务的工作原理

　　Web 服务采用客户机 / 服务器（C/S）工作模式，它以超文本标记语言（Hyper Text Markup Language，HTML）与超文本传输协议（Hyper Text Transfer Protocol，HTTP）为基础，为用户提供界面一致的信息浏览系统。Web 服务器会对各种信息进行组织，并以 Web 网页文件的形式存储在指定目录中，并利用超链接来链接各个信息片段。这些信息片段既可以集中地存储在同一台主机上，也可以分布地存放在地理位置不同的多台主机上。当客户机提出访问请求时，Web 服务器负责响应客户端请求，并按用户的要求发送文件；当客户机收到文件后，解释该文件内容并在屏幕上显示为 Web 页面。图 5-97 所示为 Web 服务系统的工作原理。

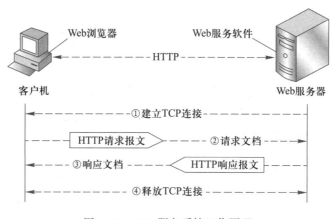

图 5-97　Web 服务系统工作原理

　　① Web 的客户端：

　　Web 客户端软件通常称为 Web 浏览器，其实质就是 HTML 的解释器。它通过使用一个起始超链接的 URL 来获取 Web 服务器上对应的 Web 文档，解释该文档的 HTML 代码，并将文档内容以用户环境所许可的效果最大限度显示出来。当用户选择另一个超链接时，Web 浏览器重新开始上述过程，通过该链接的 URL 来请求获取新文档，等待 Web 服务器发送新文档，处理并显示其内容。

　　在众多的 Web 浏览器中，常见的有 Internet Explorer（IE）、Google Chrome、傲游（Maxthon）、火狐（Mozilla Firefox）、360 安全浏览器（360SE）、腾讯 QQ 浏览器等。

　　② Web 的服务器：

　　从硬件角度看，Web 服务器是指在 Internet 上保存超文本和超媒体信息的计算机；从软件角度看，则是指提供上述 Web 功能的服务程序。Web 服务器软件默认使用 TCP 80 端口监听，等待客户端浏览器发出的连接请求。连接建立后，客户端可以发出一定的命令，服务器给出相应的应答。

常见的 Web 服务器软件有微软公司的 IIS 和 Apache Web 服务器。

（2）超文本传输协议

超文本传输协议（HTTP）是 Web 客户机与 Web 服务器之间的应用层传输协议，它可以传输普通文本、超文本、声音、图像以及其他在 Internet 上可以访问的任何信息。

HTTP 是一种面向事务的客户机 / 服务器协议，使用 TCP 协议来保证传输的可靠性。HTTP 为每个事务创建一个客户机与服务器间的 TCP 连接，进行独立处理，一旦处理结束，就会切断客户机与服务器间的 TCP 连接。如果客户机要获取下一个文件，需要重新建立连接。虽然这种方式效率有时比较低，但大大简化了服务器的程序设计，所以与其他协议相比，HTTP 的通信速度要快得多。

HTTP 将一次请求 / 服务的全过程定义为一个简单事务处理，包括以下 4 个步骤。

① 连接：客户与服务器建立 TCP 连接。

② 请求：客户向服务器提出请求，在请求中指明想要操作的 Web 页。

③ 应答：如果请求被接收，服务器送回应答。

④ 关闭：客户与服务器断开连接。

2. Web 站点的重要参数

每个 Web 站点都有 3 个重要参数，即站点的 IP 地址、域名和端口号。3 个参数修改其中之一就可以区别不同 Web 站点，这样就能在一台 Web 服务器上创建多个 Web 网站。在同一物理 Web 服务器上创建的多个 Web 网站，被称为虚拟 Web 主机。

（1）IP 地址

服务器可安装多块网卡，而每块网卡又可绑定多个 IP 地址，因此服务器可能会有多个 IP 地址。如果用户仅想使用其中一个 IP 地址访问 Web 网站，可绑定该 IP 地址，默认值为"全部未分配"。

（2）端口

一般使用"http：//< 域名或 IP 地址 >：端口号"的方式来访问 Web 服务器，默认 TCP 端口号是 80。如果是默认端口号，不必输入端口号即可访问（如 http：//172.16.1.4 或 http：//www.hope.edu.cn）。如果端口号不是 80，就需要输入修改后的端口号（如 http：//172.16.1.4：8080 或 http：//www.hope.edu.cn：8080），否则无法访问。

（3）主机名

用户使用 IP 地址或域名都可以访问 Web 站点。若要限定用户只能使用域名访问 Web 站点，可为不同 Web 站点设置不同"主机名"来相互区分。该方法适用于一台 Web 服务器只有一个 IP 地址，但创建了多个 Web 站点的访问需要。

3. IIS 8.0 简介

IIS（Internet Information Services，Internet 信息服务）8.0 是 Windows 8、Windows Server 2012 和 Windows Server 2012 R2 系统中包含的 IIS 版本，是 Web 服务器搭建的重要组件。对比以往的 IIS 版本，IIS 8.0 为管理者提供了丰富的新功能，同时能够保护网站的安全。

任务 5
搭建 FTP 服务器

任务描述

由于无纸化办公需要，希望学校要求每位教职员工定期向专用服务器提交各自工作相关的业务资料电子文档，进行集中存储备份，同时该服务器也能提供公用文档、数据和软件资源给员工下载。考虑到有些员工可能通过 Internet 来访问该服务器，就需要使用 FTP 协议来实现此功能。在此假定服务器的计算机名是 FTP，IP 地址是 172.16.1.5，那么网络管理员应该如何来搭建 FTP 服务器？

任务分析

FTP 协议可以实现网络上客户端与 FTP 服务器之间的文件传输。在 Windows Server 2012 R2 虚拟机中安装 IIS 组件和 FTP 服务，使它成为整个虚拟网络的 FTP 服务器，就能让客户端利用 FTP 协议向 FTP 服务器上传 / 下载文件。

方法与步骤

1. FTP 服务器角色安装

（1）安装 FTP 服务器的准备工作

① 运行 Windows Server 2012 R2 虚拟机，为 FTP 服务器设置静态 IP 地址"172.16.1.5"，网络属性配置参数如图 5-98 所示。

② 在 DNS 服务器为 FTP 站点注册域名"ftp.hope.edu.cn"，供用户访问。

③ 指定 FTP 站点主目录在非 C 盘的 NTFS 分区（如 E:\FTPROOT 文件夹），提高访问安全性。

（2）安装 FTP 服务角色

① 打开"服务器管理器"，单击"仪表板"，单击"添加角色和功能"，和前面任务的步骤一样，在"Web 服务器角色"中确认已勾选"Web 服务器（IIS）"和"FTP 服务器"角色服务，如图 5-99 所示，单击"下一步"→"安装"按钮，开始功能安装，显示安装成功，单击"关闭"按钮。

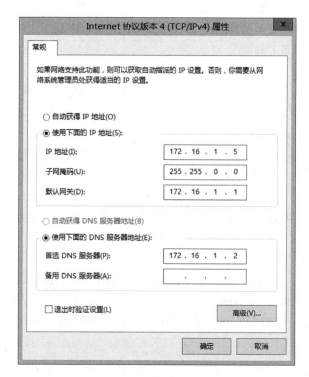

图 5-98 设置静态 IP 地址

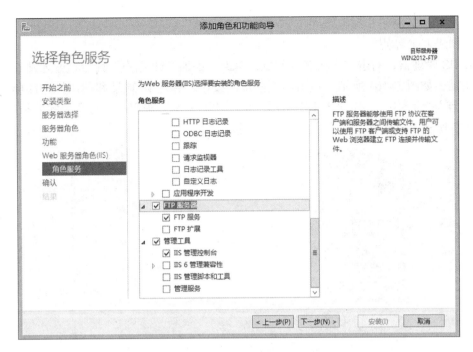

图 5-99　FTP 服务器角色服务

② 单击"工具"→"Internet Information Services（IIS）管理器"菜单命令，可以打开 IIS 管理器窗口对 FTP 站点进行管理配置，如图 5-100 所示。

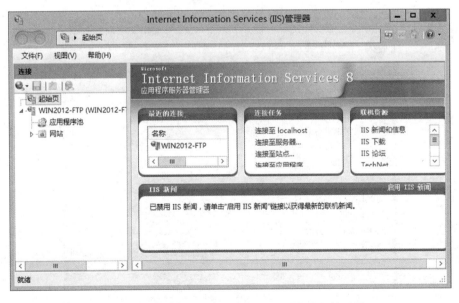

图 5-100　Internet Information Services（IIS）管理器

2. FTP 站点的创建和配置管理

（1）创建 FTP 站点

打开 IIS 管理器，右击"主机名"节点，单击"添加 FTP 站点"命令，输入站点名称和选择物理路径，如图 5-101 所示，单击"下一步"按钮。绑定 IP 地址和端口号，选择"自动启动 FTP 站点""无 SSL"，如图 5-102 所示，单击"下一步"按钮。勾选身份验证和授权信息，如图 5-103 所示，单击"下一步"→"完成"按钮。

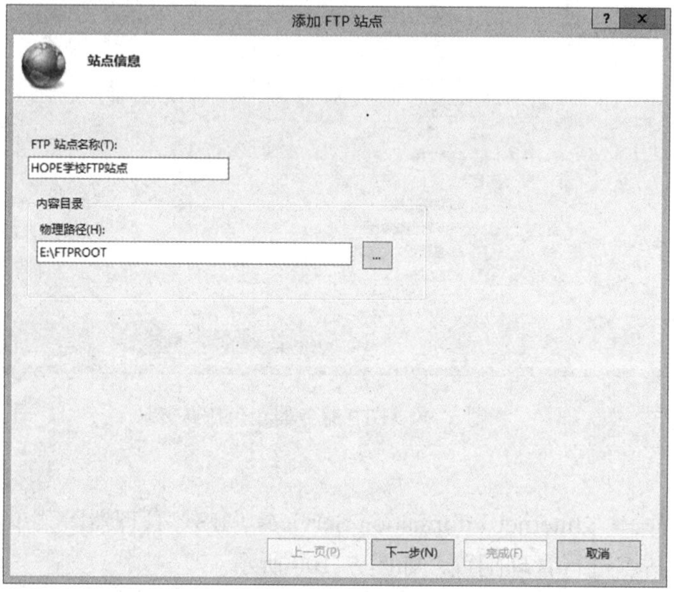

图 5-101　站点信息

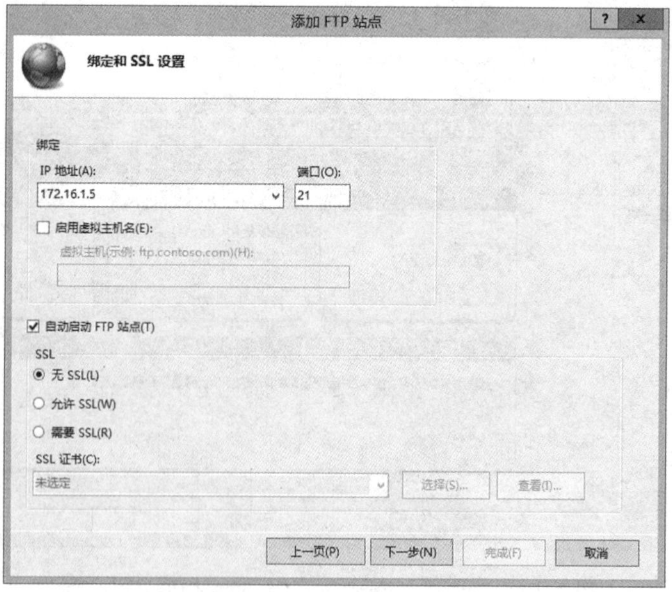

图 5-102　绑定和 SSL 设置

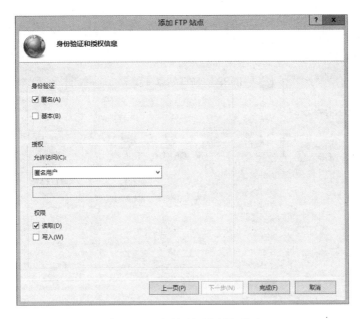

图 5-103　身份验证和授权信息

创建完成的 FTP 站点如图 5-104 所示。

（2）配置管理 FTP 站点

①FTP 站点的启动、停止和重新启动。右击 FTP 站点名称节点，单击"管理网站"→"启动"/"停止"或"重新启动"命令。也可单击右侧窗格中"管理 FTP 站点"下的相应命令，如图 5-105 所示。

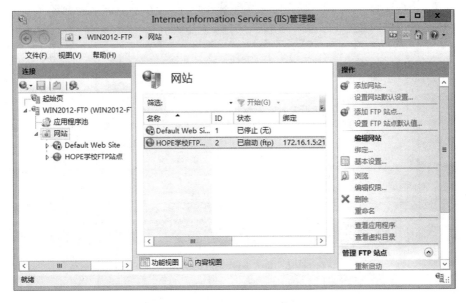

图 5-104　FTP 站点创建完成

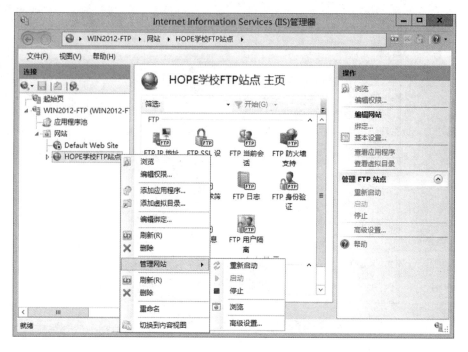

图 5–105 启动或停止 FTP 站点

② FTP 站点的绑定。右击 FTP 站点名称节点，单击"编辑网站"→"绑定"命令，单击相应按钮进行 IP 地址和端口号的添加、编辑或删除，如图 5–106 所示。

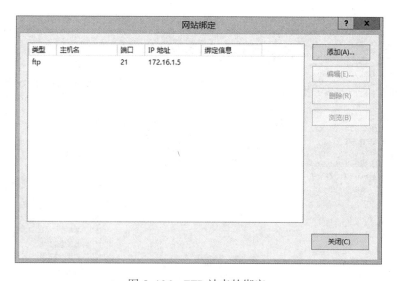

图 5–106 FTP 站点的绑定

③ FTP 站点的基本设置。单击 FTP
站点名称节点，在右侧窗格中单击"编辑
网站"→"基本设置"命令，输入新的网
站名称和物理路径，如图 5-107 所示，单
击"确定"按钮。

④ FTP 站点消息设置。单击 FTP 站
点名称节点,单击"功能视图",双击"FTP
消息"，输入横幅、欢迎使用、退出和最
大连接数的消息文本，如图 5-108 所示，
设置完成后，在右侧窗格中单击"应用"
按钮。

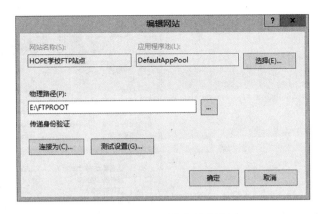

图 5-107　FTP 站点基本设置

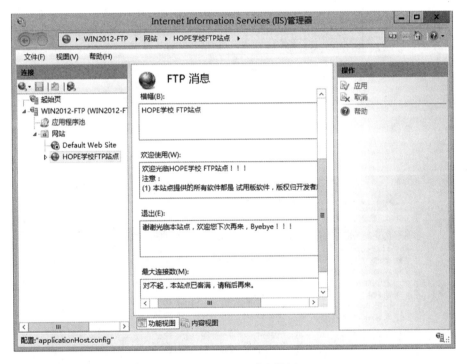

图 5-108　FTP 消息设置

⑤ FTP 站点的最大连接数设置。单击 FTP 站点名称节点，在右侧窗格中单击"高级设置"
命令，修改最大连接数数值，如图 5-109 所示，单击"确定"按钮。

⑥ FTP 站点的目录浏览方式。单击 FTP 站点名称节点，在"功能视图"中双击"FTP 目
录浏览"，选择目录列表样式，如图 5-110 所示。目录列表样式分为 MS-DOS 和 UNIX 两种。

⑦ FTP 站点的 IP 地址和域限制。单击 FTP 站点名称节点，在"功能视图"中，双击"FTP
IP 地址和域限制"，在右侧窗格中单击"添加允许条目"或"添加拒绝条目"，输入 IP 地址，
单击"确定"按钮。IP 地址限制设置结果如图 5-111 所示。

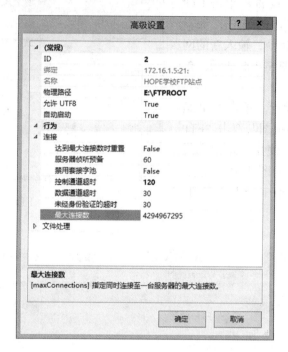

图 5-109　最大连接数设置

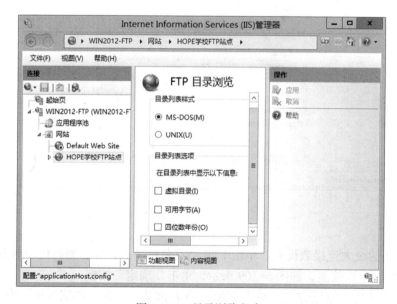

图 5-110　目录浏览方式

图 5-111　IP 地址和域限制

⑧ 经过以上设置,在客户机上采用 FTP 命令方式匿名访问站点,查看主目录结果如图 5-112 所示,目录列表为 MS-DOS 样式。

3. 在 FTP 站点上创建虚拟目录

① 在计算机 D 盘上新建文件夹"视频",并复制一些文件到其中,打开 IIS 管理器,右击 FTP 站点名称节点,单击"添加虚拟目录"命令,输入别名,指定物理路径为"D:\视频",如图 5-113 所示,单击"确定"按钮,完成虚拟目录创建。

② 如图 5-114 所示为在客户机上访问该虚拟目录的界面。

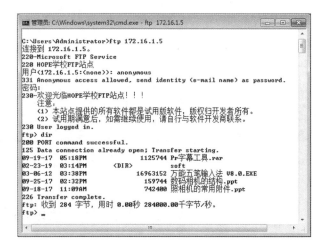

图 5-112　FTP 命令方式访问站点

4. 架设隔离用户的 FTP 站点

(1) 创建用户

在计算机管理窗口中新建用户 Tom,如图 5-115 所示。

(2) 创建公共目录和用户目录

打开 FTP 站点主目录,创建"LocalUser"文件夹,在该文件夹里创建"Public"和"Tom"两个文件夹,并在这两个文件夹里创建测试文本文件,如图 5-116 和图 5-117 所示。

(3) 用户隔离配置

打开 IIS 管理器,单击"功能视图",双击"FTP 用户隔离",选择"用户名目录",如图 5-118

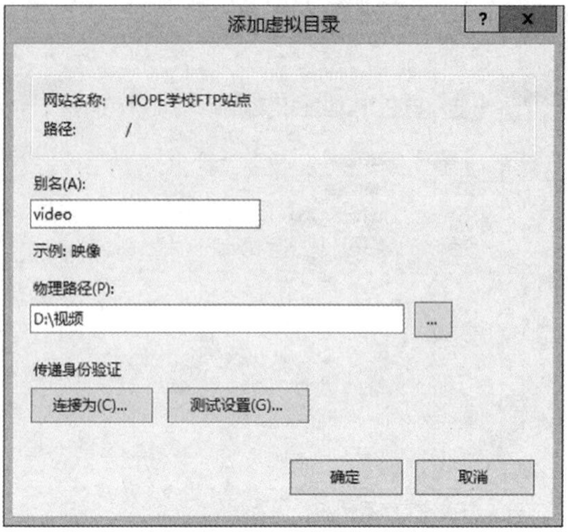

图 5–113　添加虚拟目录

图 5–114　访问虚拟目录

图 5–115　新建用户

图 5-116　Public 文件夹与测试文件

图 5-117　Tom 文件夹与测试文件

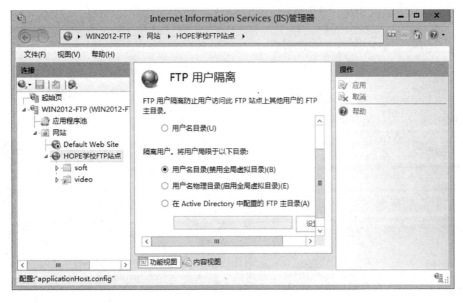

图 5-118　FTP 用户隔离

所示。单击"应用"按钮。启用"基本身份验证",如图 5-119 所示,双击"FTP 授权规则",单击"Tom"文件夹子节点,授权用户 Tom 对该文件夹有读取、写入权限,如图 5-120 所示,单击"确定"按钮。

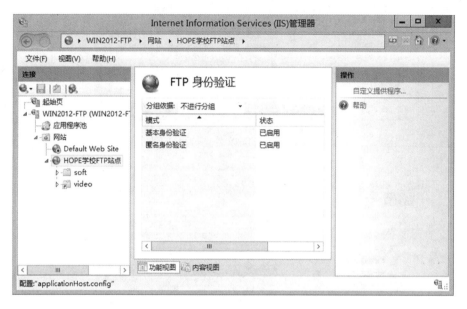

图 5-119 启用"基本身份验证"

(4)访问 FTP 站点

在客户机上匿名访问 FTP 站点,如图 5-121 所示。

右击窗口空白处,单击"登录"命令,在对话框中输入 Tom 用户账户和密码,单击"登录"按钮,如图 5-122 所示,访问 FTP 站点,如图 5-123 所示。

图 5-120 授权 Tom 用户   图 5-121 匿名访问

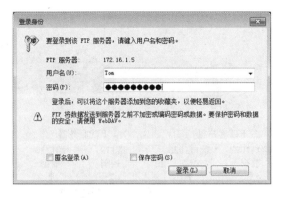

图 5-122　Tom 用户登录

图 5-123　隔离用户目录访问

可以看到，匿名访问的是公共目录，而以授权用户账户登录后访问的是用户的个人目录，从而达到了用户隔离的目的。

相关知识

1. FTP 概述

FTP 有两个意思：一是指 FTP 服务（文件传输服务），利用 FTP 服务提供的交互式命令访问方式，用来在远程主机与本地主机之间或两台远程主机之间传输文件；二是指 FTP 协议（File Transfer Protocol，文件传输协议），它是 TCP/IP 协议簇的重要应用协议之一，采用 C/S 工作模式，用于控制文件在两台主机之间的双向传输。

通过 TCP/IP 协议组网在一起的两台计算机，如果分别安装了支持 FTP 协议的客户机程序和服务器程序，用户就可以通过客户机程序连接到远程主机上的 FTP 服务器程序，由客户机程序向服务器程序发出命令，服务器程序执行用户所发出的命令，并将执行结果返回客户端，这样就利用 FTP 服务实现了两台计算机之间文件的相互传送。

2. FTP 数据传输原理

（1）FTP 的工作原理

FTP 工作在客户机 / 服务器模式下，一个 FTP 服务器可同时为多个客户提供服务。它要求用户使用客户机软件与服务器建立连接，然后才能从服务器上获取文件（下载 /Download），或向服务器发送文件（上传 /Upload）。

一个完整的 FTP 文件传输需要建立两种类型的连接，一种为文件传输下命令，称为控制连接；另一种实现真正的文件传输，称为数据连接。当客户端希望与 FTP 服务器建立上传 / 下载的数据传输时，它首先向服务器的 TCP 端口（默认为 21）发起一个建立连接的请求，FTP 服务器接收来自客户端的请求后完成连接建立，该连接称为 FTP 控制连接，主要用于传送控制信息（命令和响应）。在控制连接建立之后，即可开始传输文件，传输文件的连接称为 FTP 数据连接。

（2）FTP 服务的工作模式

FTP 数据连接就是 FTP 传输数据的过程，它有两种传输模式（主动传输模式和被动传输模式），如图 5-124 所示。

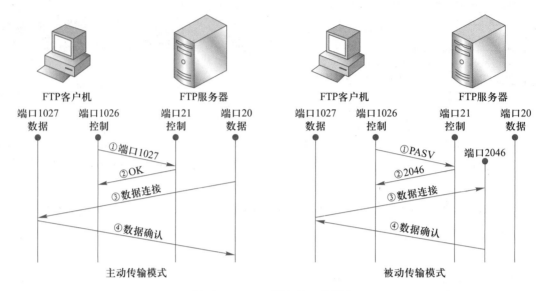

图 5-124 FTP 服务的工作模式

① 主动传输模式（Active）。客户端首先提出目录列表、传输文件要求，FTP 控制连接建立后，客户端在命令连接上用 PORT 命令告诉服务器"我打开了某个端口，你过来连接我"。于是 FTP 服务器使用标准端口 20 作为服务器端的数据连接端口，向客户端的某个端口发送连接请求，建立一条数据连接来传送数据。主动传输模式下，FTP 的数据连接和控制连接方向相反。客户端的连接端口由服务器和客户端通过协商确定，默认情况下 FTP 服务器使用 20 端口进行数据传输连接，客户端使用暂时端口接收数据。如果默认端口被修改，数据连接端口也发生改变，例如，若 FTP 的 TCP 端口配置为 600，则其数据端口为 601。

② 被动传输模式（Passive）。客户端首先提出目录列表、传输文件要求，FTP 控制连接建立后，客户端发送 PASV 命令使服务器处于被动传输模式，服务器在命令连接上用 PASV 命令告诉客户端"我打开了某个端口,你过来连接我"。于是客户端向服务器的该端口发送连接请求，建立一条数据连接来传送数据。被动传输模式下，FTP 的数据连接和控制连接方向一致，客户端的连接端口号是主动发起该数据连接请求时使用的端口号（大于 1024），FTP 服务器会被动打开一个暂态端口（大于 1024）来等待客户机对其进行数据传输连接。当 FTP 客户在防火墙之外访问 FTP 服务器时，需要使用被动传输模式。

（3）匿名 FTP

访问 FTP 服务器有两种方式，一种是需要用户提供合法的用户名和密码，该方式适用于在主机上有账户和密码的内部用户；另一种是用户使用公开账户和密码登录访问并下载文件，称为匿名 FTP 服务。匿名 FTP 服务器进行登录时使用的匿名账户名为 Anonymous，密码为用户的电子邮件地址或其他任意字符。

Internet 上有很多匿名 FTP 服务站点，可以提供公共文档、免费软件、共享软件以及测试版应用软件等的下载服务。匿名 FTP 服务器的域名一般以 ftp 开头。

3. FTP 客户端的使用

FTP 的客户端软件应具有远程登录、管理本地计算机和远程服务器的文件与目录，以及与远程服务器相互传送文件的功能，并能根据文件类型自动选择正确的传送方式。一般要求 FTP 客户端软件能够支持断点记录和断点续传，用户界面友好。FTP 客户程序通常有 3 种类型，即传统 FTP 命令行、浏览器和 FTP 下载工具。

（1）FTP 命令行

UNIX 和 Windows 两种操作系统中都有 FTP 命令，并且 FTP 命令行软件的形式和使用方法大致相同。在 Windows 系统中，需要在 DOS 提示符下运行 FTP.exe 命令文件，命令的使用界面如图 5-112 所示，使用方法类似于 DOS 命令行的人机交互界面。表 5-4 所示为 Windows 系统下 FTP 命令的常用子命令。

表 5-4 FTP 命令的常用子命令

类别	命令	用途
连接	open	与指定 FTP 服务器连接
	close	结束会话并返回解释程序
	quit	结束会话并退出 FTP
	disconnect	从远程服务器断开，保留提示
	user	指定远程计算机用户
目录操作	cd	更改远程计算机工作目录
	dir	显示远程计算机文件和子目录列表
	mkdir	创建远程目录
	delete	删除远程计算机上的文件
	mdelete	删除多个远程计算机上的文件
	ls	显示远程目录文件和子目录缩写列表
传输文件	get	将一个远程文件复制到本地计算机
	mget	将多个远程文件复制到本地计算机
	put	将一个本地文件复制到远程计算机上
	mput	将多个本地文件复制到远程计算机上
设置选项	ascii	设置文件默认传送类型为 ASCII
	binary	设置文件默认传送类型为二进制
帮助	Help/?	显示 FTP 命令说明

（2）浏览器

大多数浏览器软件都支持 FTP 文件传输协议。用户只需在地址栏中输入 URL 地址（如 ftp：//ftp.hope.edu.cn/video），登录 FTP 站点后就可以下载文件和上载文件。如图 5-114 所示的就是利用 IE 浏览器访问 FTP 站点。

（3）FTP 下载工具

目前，常见的是 Windows 平台上的具有图形人机交互界面的 FTP 文件传送软件，如 Flash FXP、CuteFTP 和 WS-FTP 等软件。通过设置要连接的 FTP 主机的 IP 地址或域名、端口号，以及合法的 FTP 用户名和密码后，就可以使用 FTP 下载软件登录 FTP 服务器，快捷地进行文件上传和下载。

任务 6
配置 SMTP 服务器

 任务描述

电子邮件（E-mail）因为简便、快捷、费用低廉，已经是学校教职员工日常办公必不可少的现代化、信息化手段。为此，希望学校决定购买设备构建自己的 E-mail 服务器。那么，网络管理员该做哪些准备，完成邮件服务器的搭建和配置呢？

任务分析

电子邮件系统使用 SMTP 协议和 POP 协议来收发和管理用户的邮件。Windows Server 2012 R2 系统自身不带 POP 服务，但自带了 SMTP 服务，需要用户在服务器中自行安装该 SMTP 服务，通过相关参数配置，实现用户电子邮件的正常转发。

方法与步骤

1. SMTP 服务器角色安装

（1）安装 SMTP 服务器的准备工作

① 运行 Windows Server 2012 R2 虚拟机，为 SMTP 服务器设置静态 IP 地址 "172.16.1.6"，网络属性配置参数如图 5-125 所示。

② 在 DNS 服务器为 SMTP 站点注册一个域名 "mail.hope.edu.cn"，对应 IP 地址为 "172.16.1.6"，主机名为 "mail"。再添加一个名称为 "smtp" 的邮件交换记录（MX），对应的邮件服务器为 "mail.hope.edu.cn"，如图 5-126 所示。

（2）安装 SMTP 服务

① 打开 "服务器管理器"，单击 "仪表板"，单击 "添加角色和功能"，和前面任务的步骤一样，在 "Web 服务器" 角色中勾选 "SMTP 服务器"，

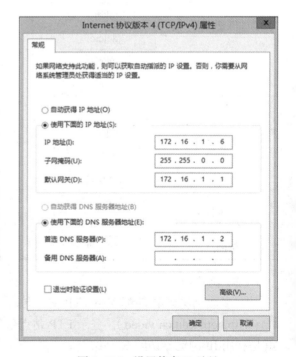

图 5-125　设置静态 IP 地址

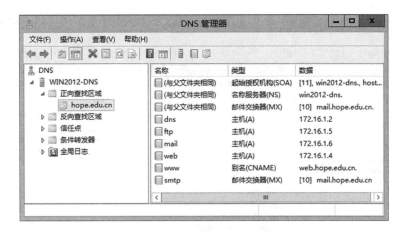

图 5-126　注册域名和 MX 记录

如图 5-127 所示,根据提示单击"下一步"按钮,勾选 IIS 角色服务,如图 5-128 所示,单击"下一步"→"安装"按钮,开始功能安装,显示安装成功,单击"关闭"按钮。

②　单击"工具"→"Internet Information Services(IIS)6.0 管理器"菜单命令,可以打开 IIS 6.0 管理器窗口查看 SMTP 角色状态,如图 5-129 所示,并对 SMTP 服务器进行管理配置。

（3）配置 SMTP 服务器

①　在 IIS 6.0 管理器中单击"SMTP Virtual Server #1"节点,右击"域"节点,单击"新建"→"域"命令,如图 5-130 所示,在"新建 SMTP 域向导"对话框中选择"别名",如图 5-131

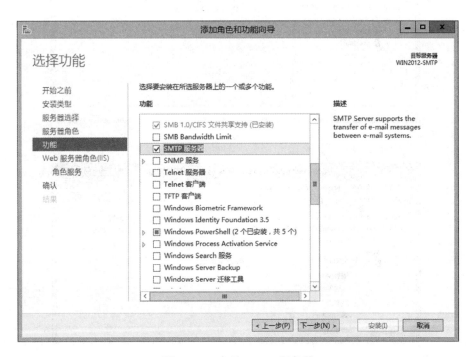

图 5-127　勾选 SMTP 服务器

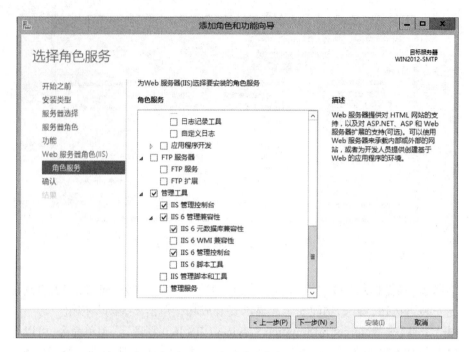

图 5-128 勾选 IIS 角色服务

图 5-129 IIS 6.0 管理器

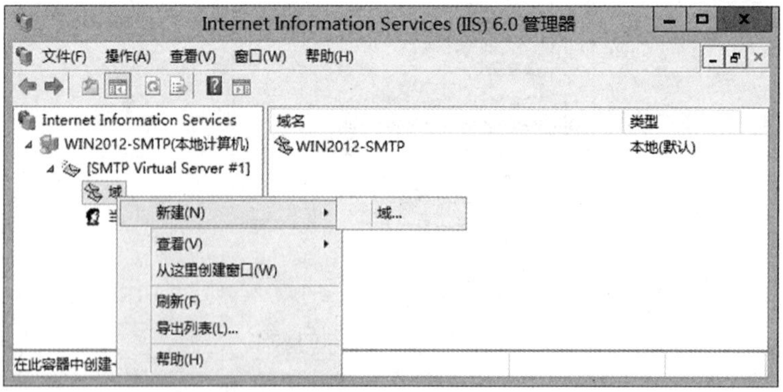

图 5-130 新建域

所示，单击"下一步"按钮，输入域名"hope.edu.cn"，如图 5-132 所示，单击"完成"按钮，查看结果。

图 5-131　选择"别名"类型

图 5-132　输入域名

　　② 右击"SMTP Virtual Server #1"节点，单击"属性"命令，单击"常规"选项卡，设置 IP 地址，如图 5-133 所示。单击"访问"选项卡，单击"身份验证"按钮，勾选身份验证方法，如图 5-134 所示，单击"确定"按钮，单击"中继"按钮，添加中继规则，如图 5-135 所示。单击"传递"选项卡，单击"出站安全"按钮，选择"匿名访问"，如图 5-136 所示，根据提示单击"确定"按钮完成设置。

　　③ 单击"SMTP Virtual Server #1"，单击"停止"工具按钮，单击"启动"工具按钮，重新启动后才能应用 SMTP 服务器设置。

图 5-133　设置 IP 地址

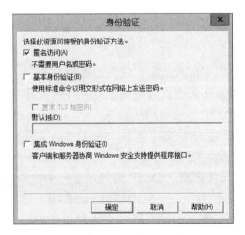

图 5-134　身份验证

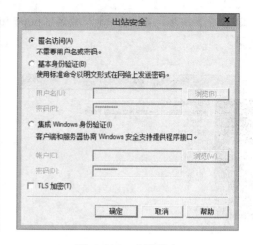

图 5-135　中继规则　　　　　　　　　　　图 5-136　出站安全

（4）添加 SMTP 账号

打开"计算机管理"窗口，单击"系统工具"→"本地用户和组"，右击"用户"节点，添加新用户 test，如图 5-137 所示。

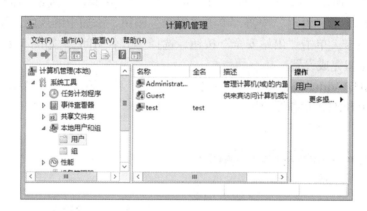

图 5-137　添加 SMTP 账号

完成以上配置之后，就可以进行邮件发送了。如果要和外网收发邮件，除了需要有一个正规的域名，还需要服务器能正常上外网，并对外开放邮件相关端口。

2. SMTP 服务器功能测试

① 新建一个文本文件 email.txt，文件内容如图 5-138 所示。将该文件保存到"C：\inetpub\mailroot\Pickup"文件夹里。SMTP 服务器会自动检测该文件夹里有无文本文件，一旦检测到 email.txt，会立即读取其内容，并按电子邮件的收件人地址（即这里假定的 xxx@163.com）进行转发。

② 如果收件人接收到测试邮件，表明 SMTP 服务

图 5-138　测试文本文件

器工作正常。

 相关知识

1. E-mail 服务基础知识

（1）电子邮件（E-mail）简介

1971 年 10 月，美国 BBN 公司工程师 Ray Tomlinson 设计了名为 SNDMSG（即 Send Message）的软件，并成功利用该软件在 ARPANET 上两台计算机之间进行了第一封电子邮件的收发测试，E-mail 就此诞生。由于当时的技术和网速限制，使用电子邮件人很少。随着 20 世纪 80 年代中期个人计算机的兴起，E-mail 在部分计算机爱好者和大学生中传播开来，到了 90 年代中期，互联网浏览器诞生，全球网民人数激增，E-mail 使用者遍布各行各业。目前，因为使用简单，快捷方便，低费高效，电子邮件已经是人们日常办公的重要通信方式之一。

（2）E-mail 的格式

像普通邮件一样，E-mail 也需要地址，两者区别在于它使用电子地址。每个用户可以有一个或多个 E-mail 地址，即用户的电子邮箱地址，并且这些 E-mail 地址在 Internet 上是唯一的。邮件服务器就是根据这些地址，将每封电子邮件传送到各个用户的信箱中。E-mail 地址正确与否决定了用户能否收到发送给自己的 E-mail，而 E-mail 地址需要用户先向邮件服务器的系统管理人员申请注册。

一个完整的 E-mail 地址由一个字符串组成，使用 "@" 符号分成两部分，格式为 "username@ hostname"，其中 username 是邮箱用户名，hostname 是邮件服务器的域名，@ 表示 "在"（英文 at）。大部分电子邮箱的地址一般采用小写字母、数字和下划线等组成字符串，整个字符串没有空格，hostname 地址各部分用圆点连接，例如，tom_001@hope.edu.cn。

（3）E-mail 使用的协议

E-mail 服务常用的协议有简单邮件传输协议（Simple Mail Transfer Protocol，SMTP）协议和邮局协议 3（Post Office Protocol 3，POP3）。

SMTP 协议通常被用来发送电子邮件，使用 TCP 端口 25。SMTP 工作在两种情况下：一是电子邮件从客户机传输到服务器，二是从某一个服务器传输到另一个服务器。SMTP 是个请求 / 响应协议，命令和响应都是基于 ASCII 文本，并以 CR 和 LF 符结束，响应包括一个表示返回状态的三位数字代码。

POP3 协议通常被用来接收电子邮件，使用 TCP 端口 110，服务器通过侦听 TCP 端口 110 开始 POP3 服务。当客户主机需要使用服务时，它将与服务器主机建立 TCP 连接。当连接建立后，POP3 服务器发送确认消息，然后客户主机和 POP3 服务器相互交换命令和响应，这一过程一直要持续到连接终止。

除了上面的两个协议以外，E-mail 系统还会使用 IMAP、LDAP 和 MIME 协议。

2. E-mail 服务工作原理

（1）电子邮件系统主要构件组成

① 用户代理（User Agent，UA），即用户计算机中运行的程序。

② 邮件服务器，它是电子邮件系统的核心构件，主要功能是发送、接收邮件和回送报告。

③ 电子邮件使用的协议，如 SMTP、POP3、IMAP 等，确保电子邮件在各种不同系统之间的传输。

（2）电子邮件系统的功能

① 撰写：提供一个非常方便的编辑信件的环境，来创建消息和回答的过程。

② 传输：将信件从发送方传输到接收方。

③ 报告：告诉发送方信件发送的情况。

④ 显示：到接收方以后，应显示信件内容，有时还需要进行转换或者需要激活浏览器。

⑤ 处理：当接收方阅读信件后，需要将邮件进行处理，如丢弃、保存等。

（3）电子邮件系统服务工作原理

电子邮件收发的工作过程遵循客户机 / 服务器模式。每份电子邮件的发送都涉及发送方与接收方，发送方构成客户端，而接收方构成服务器。

电子邮件发送和接收的一般过程如图 5–139 所示，具体如下：

图 5–139　电子邮件发送和接收的一般过程

① 当用户将 E-mail 信件内容输入客户机开始发送时，客户机会将信件打包后，发送到用户所属的 ISP 邮件服务器上。发信一般为 SMTP 邮件服务器，收信一般为 POP3 邮件服务器。

② 邮件服务器根据用户注明的收信人地址，按照当前网上传输的情况，寻找一条最佳路径，将 E-mail 传到下一台邮件服务器。接着，这台服务器也按照上述方法，将 E-mail 往下传送。

③ E-mail 被送到对方用户 ISP 的邮件服务器上，并保存在服务器上收信人的 E-mail 信箱中，等待收信人在方便的时候进行读取。

④ 收信人在打算收信时，使用 POP3 或者 IMAP 协议，通过个人计算机与服务器的连接，从信箱中读取收到的 E-mail。

从上面的过程中可以看出，电子邮件系统采用的是一种"存储转发"的工作方式，一个电子邮件从发送端计算机发出，在网络传输的过程中，可能经过多台计算机的中转，最后到达目的计算机，传送到收信人的电子邮箱。

思考与练习

一、填空题

1. Windows Server 2012 R2 只能安装在_____文件系统的分区中，否则安装过程中会出现错误提示而无法正常安装。

2. Windows Server 2012 R2 的数据中心版本最大支持内存是_____TB。

3. DNS 协议是关于_____的协议。

4. Web 服务中的目录分为_____和_____两种类型。

5. FTP 站点登录的身份验证有_____和_____两种方式。

6. 在一个 TCP/IP 网络中，有两种方法为主机分配 IP 地址，即_____和_____。

7. 在网络中为实现计算机自动分配 IP 地址的服务，称为_____。

8. 默认网站的名称为 www.czc.net.cn，虚拟目录名为 share，要访问虚拟目录 share，应该在浏览器地址栏中输入_____。

9. FTP 服务器能够为客户端用户提供文件的_____和_____功能。

10. 电子邮件系统一般由_____、_____和_____三个主要构件组成。

二、选择题

1. 以下对安装 Windows Server 2012 R2 的硬件要求描述中，错误的是（　　　）。

    A. CPU 速度最低 1.4 GHz（x64），推荐大于 2 GHz

    B. 内存最低 512 MB，推荐不少于 2 GB

    C. 硬盘可用空间不少于 10 GB，推荐 30 GB 以上

    D. 硬盘可用空间不少于 32 GB，推荐 40 GB 以上

2. 安装 Windows Server 2012 R2 操作系统后，第一次登录使用的账户是（　　　）。

    A. 只能使用 administrator 登录　　　　　B. 任何一个用户账户

    C. 在安装过程中创建的用户账号　　　　　D. Guest

3. 在 Windows Server 2012 R2 中，添加或删除某种服务器功能的工具是（　　　）。

    A. 功能与程序　　　　　　　　　　　　　B. 计算机管理

    C. 服务器管理器　　　　　　　　　　　　D. 添加或删除程序

4. Windows Server 2012 R2 默认安装的位置是（　　　）。

    A. C:\Winnt　　　　　　　　　　　　　　B. C:\Windows 2012

    C. C:\Windows　　　　　　　　　　　　　D. C:\Windows Server 2012

5. 有一台服务器的操作系统是 Windows Server 2008（64 位），文件系统是 NTFS，无任何分区，现要求对该服务器进行 Windows Server 2012 R2 的安装，保留原数据，但不保留操作系统，应使用下列（　　　）种方法安装才能满足要求。

    A. 在安装过程中进行全新安装并格式化磁盘

    B. 对原操作系统进行升级安装，不格式化磁盘

    C. 做成双引导，不格式化磁盘

    D. 重新分区并进行全新安装

6. 下面（　　　）版本不属于 Windows Server 2012 R2 系列。

    A. Windows Server 2012 标准版　　　　　B. Windows Server 2012 企业版

    C. Windows Server 2012 数据中心版　　　D. Windows Server 2012 基础版

7. 将 DNS 客户机请求的完全限定域名解析为对应 IP 地址的过程被称为（　　　）查询。

    A. 递归　　　　　　B. 迭代　　　　　　C. 正向　　　　　　D. 反向

8. DNS 服务器上"区域文件"用来（　　　）。

    A. 保存 DNS 服务器所管辖的区域内的主机的相关记录

    B. 保存 DNS 服务器的启动参数

C. 保存 DNS 服务器所管辖的区域名称

D. 以上都不正确

9. 常用的 DNS 测试的命令是（　　　）。

A. nslookup　　　　　B. hosts　　　　　C. debug　　　　　D. trace

10. 在 Internet 的域名中，"gov" 通常表示（　　　）。

A. 商业组织　　　　　B. 教育机构　　　　　C. 政府部门　　　　　D. 军事部门

11. 字符串 219.46.123.107.in-addrr.arpa 所要查找的主机的网络地址是（　　　）。

A. 219.46.123.0　　　B. 107.123.0.0　　　C. 107.123.46.0　　　D. 107.0.0.0

12. 使用 URL 地址 "http：//www.csai.com.cn/product/index.html"，可以访问某 Internet 网站的主页，则该地址对应的服务器域名是（　　　）。

A. index.html

B. com.cn

C. www.csai.com.cn

D. http：//www.csai.com.cn

13. 在 IE 浏览器地址栏中输入 URL 地址可以访问相应资源，以下表示中错误的是（　　　）。

A. http：//netlab.abc.edu.cn

B. ftp：//netlab.abc.edu.cn

C. https：//netlab.abc.edu.cn

D. unix：//netlab.abc.edu.cn

14. 需要为网络中的 200 台计算机配置 TCP/IP 参数，为提高效率并减轻工作负担，网络管理员可以采取（　　　）措施。

A. 手工为每一台计算机配置 TCP/IP 参数

B. 利用 DHCP 服务为计算机配置 TCP/IP 参数

C. 利用 DNS 服务为计算机配置 TCP/IP 参数

D. 利用 WINS 服务为计算机配置 TCP/IP 参数

15. 关于因特网中的 WWW 服务，以下说法中错误的是（　　　）。

A. WWW 服务器中存储的通常是符合 HTML 规范的结构化文档

B. WWW 服务器必须具有创建和编辑 Web 页面的功能

C. WWW 客户端程序也被称为 WWW 浏览器

D. WWW 服务器也被称为 Web 站点

16. 某公司有一台 Windows Server 2012 R2 服务器，管理员想在该服务器上运行多个 Web 站点，不可以使用以下（　　　）方式。

A. 相同 IP，相同端口

B. 相同 IP，不同端口

C. 不同 IP 地址，相同端口

D. 相同 IP，相同端口，不同的主机头

17. Windows Server 2012 R2 中的 IIS（Internet 信息服务）版本是（　　　）。

A. IIS 6.0　　　　　B. IIS 6.5　　　　　C. IIS 7.0　　　　　D. IIS 8.0

18. 在安装了 Windows Server 2012 R2 系统的服务器上搭建了一个 Web 网站，绑定的 IP 地址为 192.168.1.2，端口为 8080，下列能正确访问该网站的是（　　　）。

A. 192.168.1.2：8080

B. http：//192.168.1.2

C. http：//192.168.1.2：8080

D. ftp：//192.168.1.2：8080

19. Web 主目录的访问控制权限不包括（　　　）。

A. 读取　　　　　B. 更改　　　　　C. 写入　　　　　D. 列出文件夹目录

20. 访问 Web 站点时, 默认的匿名用户为 ( )。

    A. administrator   B. IIS_ IUSRS

    C. IUSR_ 计算机名称   D. anonymous

21. 某公司网络中有一台 Windows Server 2012 R2 系统的 FTP 服务器 FTPSVR, 当用户在客户机上以匿名方式登录该服务器时, 该用户是通过 ( ) 账户来访问站点中的文件。

    A. anonymous   B. IUSR_FTPSVR   C. ftp   D. guest

22. 有一台 Windows Server 2012 R2 系统的 FTP 服务器, IP 地址为 192.168.1.8, 要让客户端能使用 "ftp: //192.168.1.8" 地址访问站点的内容, 需将站点端口配置为 ( )。

    A. 80   B. 21   C. 8080   D. 2121

23. 以下为合法的电子邮件地址的是 ( )。

    A. shy@126.com   B. shy.126.com   C. shy_126.com   D. shy@ 126_com

24. 电子邮件邮箱位于 ( )。

    A. 客户机中   B. 邮件服务器中   C. 邮件网关中   D. Internet 中

25. 在 Internet 上发送电子邮件时, 将邮件从一个邮件服务器传送到另一个邮件服务器所采用协议是 ( )。

    A. POP3   B. SMTP   C. IMAP   D. MIME

三、简答题

1. Windows Server 2012 R2 有哪几个版本?

2. 什么是域名解析?

3. DNS 的管理与配置流程是什么?

4. 简述 DNS 递归查询的过程。

5. 简述 DHCP 的工作原理。

6. 简述使用 IIS 建立 Web 站点的主要步骤。

7. FTP 有两个意思, 分别是什么?

8. 简述 E-mail 服务的工作原理。

项目 6

接入因特网

情景故事

育才中学在完成网络升级改造后，整个校园内部网络实现互连互通，构成了育才中学校园网。然而该网络只是内部局域网，保证校园内部各种应用能够互连互通。为了进一步提升校园网络资源利用率，为广大师生提供更丰富的网络应用及为教学提供网络资源，现需要将校园网接入因特网。应该通过怎样的技术手段将校园网接入因特网，又该如何设置呢？

项目说明

因特网（Internet）是一个覆盖全世界的、由成千上万台计算机组成的庞大网络。它是一个建立在网络互连基础上的最大的、开放的全球性网络。本项目将详细介绍常用的接入因特网的方法和步骤。

学习目标

1. 了解因特网的基本知识。
2. 熟练使用光纤方式接入因特网。
3. 了解使用无线技术接入因特网的方法。
4. 了解 NAT 技术的基本知识。
5. 掌握使用 NAT 技术接入因特网的方法。

任务 1

使用光纤方式接入因特网

任务描述

小李家装修完成后，已经完成了房屋内有线网络的布置。通过无线路由也可以将智能手机、笔记本电脑等无线终端接入家庭局域网中。通过上述方式构成了家庭内部的局域网，但目前只能实现局域网内部的资源共享，还无法享受因特网带来的便利。小李作为育才中学教师，在校园网未接入家属区之前，应如何将家庭局域网接入因特网中？

任务分析

随着因特网应用越来越广泛，用户对因特网接入带宽的要求越来越高。随着光纤宽带资费的下调，光纤宽带已成为目前家庭、办公场所等接入网络的主要手段。

光纤宽带接入因特网包括光纤到楼（FTTB）、光纤到户（FTTH）等多种方式，选用哪种方式取决于服务商在用户所在区域能够提供的接入服务。一般运营商会为光纤宽带接入提供10~100 Mbps 不同的网速及资费方案供用户选择。目前，光纤宽带的因特网接入普遍采用光纤到户的方式，部分老旧小区、办公楼等网络建设相对较早的区域仍采用光纤到楼的方式。本任务主要对光纤到户的方式进行说明。

方法与步骤

1. 分析需求

目前众多家庭用户有收看高清影视和高速上网需求，因此 50~100 Mbps 的光纤宽带接入方案成为众多家庭的主流选择。而宽带光纤接入的主流方式为光纤到户（FTTH），若无法实现光纤到户则采用其他方式实现因特网接入，如光纤到楼（FTTB）的方式。

2. 准备工作

（1）申请安装

用户通过登录网上营业厅、拨打运营商服务电话、直接到营业厅办理等方式申请开通光纤宽带，网络运营商会根据所在地区线路情况，决定是否可以进行安装。

（2）选择合适的带宽

目前宽带光纤接入速率能达 100 Mbps 以上，用户可根据自己的实际需求和经济情况选择不同速率的带宽。

（3）准备安装所需材料

用户需要准备能够正常使用的计算机。同时如果有无线接入需求还要准备无线路由器，提供无线接入。

接入因特网需要的其他耗材，如"光猫"、光纤尾纤、信息模块、双绞线等会由通信运营商提供。

3. 实施安装

用户选择光纤到户方式接入因特网时，运营商会为用户提供一个"光猫"，用户可将其与自己的计算机连接。用户可开通宽带业务、语音业务和 IPTV 业务。光纤到户网络连接方式如图 6-1 所示。

采用光纤到户的方式接入因特网，运营商提供的"光猫"分为带有无线功能和不带无线功能两种，其中带有无线功能的设备有可能有无线接入数量的限制。因此，若要更好地使用无线网络，用户可自行购买及连接无线路由器，如图 6-2 所示。

若用户所在区域已有运营商在建筑物内提供了 RJ-45 网络接口，则可采用光纤到楼方式接入因特网。光纤到楼的方式及其承载业务示意图如图 6-3 所示。

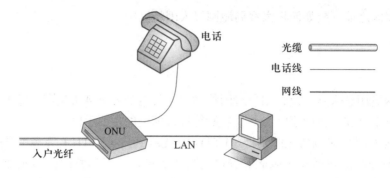

图 6-1   光纤到户连接图

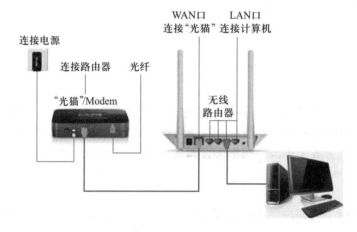

图 6-2   无线路由连接示意图

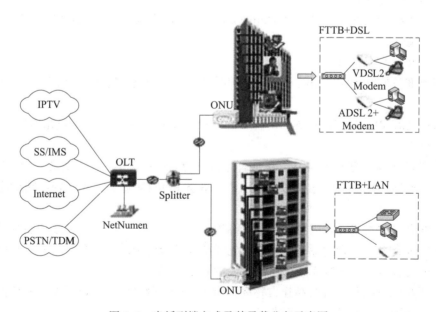

图 6-3   光纤到楼方式及其承载业务示意图

一般情况下，运营商会从楼道布好的线箱中向用户户内引入一条双绞线，提供一个 RJ-45 接口，用户将该 RJ-45 接口与自己的计算机连接即可。如需要多个接口，用户可自行加装一个交换机或无线路由器。

若运营商采用 FTTB+DSL 的方式接入因特网，那么用户端采用无线路由器的 PPPoE 拨号方式接入因特网并扩展。若运营商采用 FTTB+LAN 的方式接入因特网，用户端可以通过运营商提供的网络接口直接接入因特网，而不需要进行特别设置。在 FTTB+LAN 接入方式中，运营商一般会采用 Web 认证的方式，即上网前通过浏览器登录认证页面，输入用户名及密码后可正常访问网络，或者采用专门的客户端软件用于输入用户名及密码。

4. 宽带上网设置

选用光纤到户的方式接入因特网后，需要对运营商提供的"光猫"进行设置。"光猫"的设置方法基本大同小异，由安装人员统一进行设置。大多数情况下"光猫"由安装人员注册后，设备配置会由控制端统一下发，但也可手动配置。下面以中兴 F460"光猫"为例介绍"光猫"的设置，"光猫"接口如图 6-4 所示。

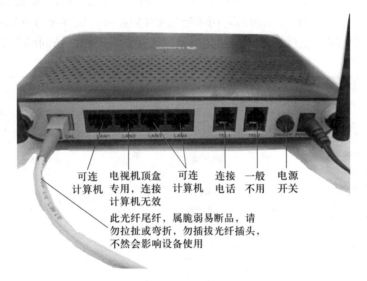

可连   电视机顶盒   可连   连接   一般   电源
计算机   专用，连接   计算机   电话   不用   开关
              计算机无效

此光纤尾纤，属脆弱易断品，请
勿拉扯或弯折，勿插拔光纤插头，
不然会影响设备使用

图 6-4 "光猫"及后面板接口示意图

（1）本地登录 F460 Web 管理界面

可将连接"光猫"LAN 口的计算机 IP 地址设置成自动获取，或将连接 F460 的计算机的 IP 地址配置为 192.168.1.x/255.255.255.0 网段（x 为 1~254 之间的任意整数）。打开计算机的 IE 浏览器，输入 192.168.1.1，按回车键进入 Web 登录界面，如图 6-5 所示。输入超级用户名和密码登录 F460 管理界面。

一般超级管理员账号 / 密码为"telecomadmin"，原始密码为"nE7jA%5m"。通常情况下这个不会更改，但不排除运营商更改密码防止用户私自设置 / 破解"光猫"。

（2）配置逻辑账号与密码

配置逻辑账号与密码，如图 6-6 所示，图中"LOID"即为逻辑账号。逻辑账号用来唯一

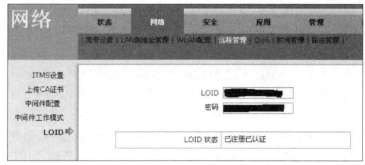

图 6-5 "光猫"的登录界面   图 6-6 "光猫"逻辑账号设置

标识"光猫"设备，密码同样非常重要，由通信运营商分配，不能轻易改动。这个数据由安装人员在安装时输入，并完成终端注册。一旦变动，"光猫"将无法注册。

（3）配置宽带连接

按图 6-7 所示配置相关信息。其中 VLAN ID、用户名及密码由通信运营商提供。注意端口绑定部分，不勾选"LAN2"是因为它用来连接 IPTV 业务。这样配置好以后，"光猫"就能自动拨号连接到因特网。通过"光猫"的其他接口连接到需要网络访问的设备后，就能够实现

图 6-7 宽带连接配置

多台设备同时访问网络，而不用在设备上再新建宽带连接来拨号。

相关知识

1. 光纤到户（FTTH，Fiber To The Home）

（1）概念

光纤到户是指仅利用光纤媒质连接通信局端和家庭住宅的接入方式，是宽带有线接入的发展方向。将光网络单元（ONU）安装在住宅用户或企业用户处，能够提供更大的带宽，而且增强了网络对数据格式、速率、波长和协议的透明性，放宽了对环境条件和供电等要求，简化了维护和安装，局端与用户之间完全以光纤作为传输媒介。FTTH 系统的基本组成包括 FTTH 光线路终端（OLT）、光分配网（ODN）、FTTH 光网络终端（ONT）三大部分，如图 6-8 所示。

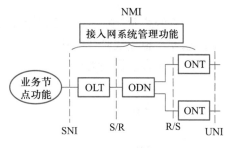

图 6-8　FTTH 组成

（2）优缺点

FTTH 的优点如下：

① 它是无源网络，从局端到用户中间基本可以做到无源。

② 它的带宽较宽，长距离正好符合运营商的大规模运营方式。

③ 在光纤上承载业务，抗干扰能力强。

④ 带宽较宽，支持的协议比较灵活。

随着技术的发展，包括点对点、1.25G 和 FTTH 的方式都制订了比较完善的功能，适于引入各种新业务，是理想的业务透明网络，是接入网发展后的一种方式。

FTTH 缺点表现在：

① 基于 MAC 限速模式，宽带跑满的时候延迟会升高。

② 最大提供 4 Mbps 上行速率，100 Mbps 下行速率，属于不对等线路。

2. 光纤到楼（FTTB，Fiber To The Building）

光纤到楼是 FTTX+LAN 的一种网络连接模式，是将光信号接入办公大楼或者公寓大厦的总配线箱内部，实现光纤信号的接入，而在办公大楼或公寓大厦的内部，则仍然利用双绞线或光纤实现信号的分拨输入，以实现高速数据的应用，被称为 FTTX+LAN 的宽带接入网（简称 FTTB）。

3. 宽带网络发展趋势

目前宽带网络正呈现出 FTTH 成为主流部署方式、网络重构以及网络自动化这三大发展趋势。

首先，光纤覆盖率将进一步提升，FTTH 将成为主流部署方案。光纤越来越接近终端用户。光纤到户为家庭/企业用户提供百兆甚至千兆以上的宽带接入能力，彻底突破高带宽需求业务的接入瓶颈。

其次，5G 时代，网络将基于业务而非接入方式为用户提供服务，用户接入将不再关心究竟是无线接入还是有线接入，因此业务的融合必然促进网络的融合，当前传统的架构无法满足 5G 时代需求，需要重构。

最后，宽带网络的自动化，通过将多种先进技术应用在宽带网络上，宽带网络将越来越呈现智能、开放的特性。自动化能力也将贯穿网络规划、建设、业务部署到运维与管理等各个阶段，将大幅降低人力资源成本和运营成本。

任务 2

使用无线方式接入因特网

✽ 任务描述

随着网络及笔记本电脑的普及，越来越多的人开始使用无线方式上网。很多拥有笔记本电脑的朋友，想要摆脱线缆的束缚，随时随地畅游因特网。大部分家庭不但有台式计算机、笔记本电脑，还有手机等无线终端的上网需求。

⚙ 任务分析

无线上网的方式有两大类：无线局域网和无线移动网络方式。若通过宽带接入方式接入因特网，在"光猫"不提供无线功能的情况下需要使用无线路由器提供无线接入服务。而在无法提供宽带业务的户外，目前各个城市都在致力于无线热点的建设，也可通过移动热点接入因特网中。各大商厦、饭店等也会提供免费的 WiFi 网络接入服务。但若在没有无线覆盖或不提供无线网络的地方，想要接入因特网该怎么办？本任务主要针对这种情况，以有线接入转换成无线接入为例，讲解如何利用无线路由器将有线网络转换为无线网络，让其他设备接入网络，享受网上冲浪的乐趣。

⚙ 方法与步骤

1. 连接无线路由器

使用双绞线将无线路由器的 WAN 口与"光猫"的 RJ-45 接口相连，将无线路由器的 LAN 口通过双绞线与计算机或笔记本电脑的 RJ-45 接口相连。连接方式参考图 6-2。

2. 配置无线路由器

目前市面上无线路由器的品牌型号众多，但对于它们的配置方法都大同小异。下面以 TP-Link 无线路由器为例，完成配置。

（1）登录无线路由器管理界面

设置路由器之前，需要将与无线路由器连接的计算机设置为自动获取 IP 地址。或将连接无线路由器的计算机的 IP 地址配置为 192.168.1.x/255.255.255.0 网段（x 为 1~254 之间的任意整数），网关为 192.168.1.1。

打开计算机的 IE 浏览器，在地址栏输入 192.168.1.1，按回车键进入 Web 登录界面，初次进入路由器管理界面，为了保障设备安全，需要设置管理路由器的密码，根据界面提示进行设置，如图 6-9 所示。

注意：部分路由器需要输入管理用户名、密码，均输入 admin 即可。路由器的具体管理地址及用户名、密码建议查看壳体背面的标签。

（2）设置无线路由器的上网方式

设置无线路由器的上网方式，如图 6-10 所示。上网方式分为宽带拨号上网、固定 IP 地址及自动获取 IP 地址。

这里选择"自动获得 IP 地址"的方式，无线路由器会从"光猫"获取 IP 地址。通过获取到的 IP 地址与"光猫"进行通信，为连接无线路由器的设备提供网络服务。

（3）无线网络设置

设置完成上网方式以后，需要对无线路由器的无线网络进行设置。设置界面如图 6-11 所示，

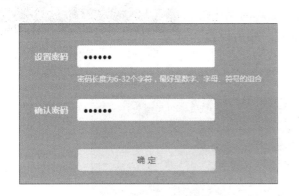

图 6-9　管理密码设置

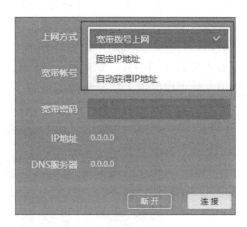

图 6-10　无线路由器的上网方式

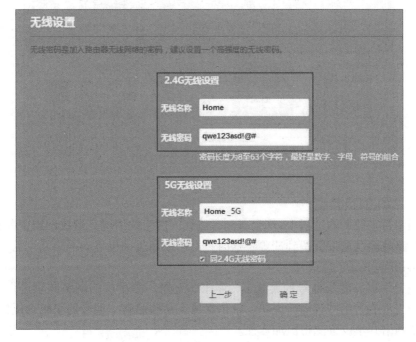

图 6-11　路由器无线设置

在该界面中设置无线网络的 SSID 及连接密码。

　　设置无线名称时，最好不要用中文汉字来设置，因为部分手机、平板电脑、笔记本电脑等无线设备，并不支持中文名称的无线信号。而无线密码，建议用大写字母 + 小写字母 + 数字 + 符号的组合来设置，并且无线密码的长度，最好大于 8 位。这样设置的无线密码，安全性较高。

　　3. 连接测试

　　设置完成后重启无线路由器，就可以通过有线或无线的方式访问 Internet 网络了。连接成功后，无线连接成功显示界面如图 6-12 所示。

　　若要对无线路由器的设置进行更改，可在 IE 浏览器地址栏内输入 192.168.1.1，按回车键进入 Web 登录界面。输入管理员密码将登录无线路由器管理界面，各个品牌的无线路由器管理界面大同小异，如图 6-13 所示。通过"路由设置"等选项卡就可以完成无线路由器的设置了。

图 6-12　无线网络连接界面

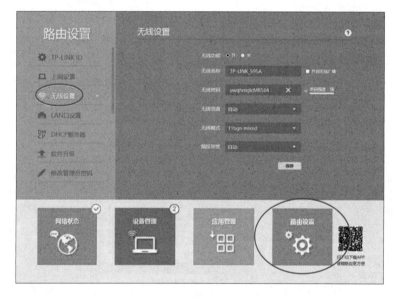

图 6-13　无线路由器管理界面

　　4. 无线网络的应急访问

　　在享受网络带来便利的过程中，都会碰到无法访问网络的情况。造成网络中断的原因很多，设备故障、线路故障及宽带资费到期等。这时我们可以通过手机移动网络共享的方式接入因特网，实现网络访问。

　　由于市面上手机品牌及型号种类繁多，本书不对每一个手机的网络共享进行详细的说明，这里我们以华为手机为例进行简单说明，仅供参考。某些品牌、型号的手机会提供一键共享网络的功能，使网络共享设置变得更加方便。

　　①在手机设置界面中，点击红框所示的"更多"按钮，进入网络与共享设置界面。点击"移

动网络共享",进入移动网络共享设置界面。在移动网络共享界面,点击"便携式 WLAN 热点",如图 6-14 所示。

　　② 进入便携式 WLAN 热点配置界面。点击"配置 WLAN 热点"按钮,完成 WLAN 热点配置,如图 6-15 所示。

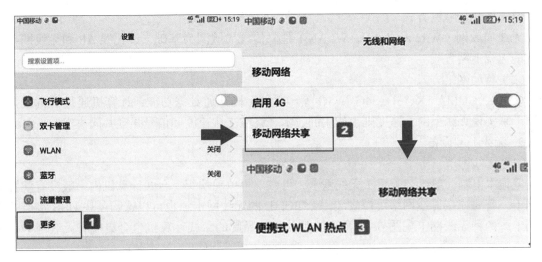

图 6-14　移动网络共享设置

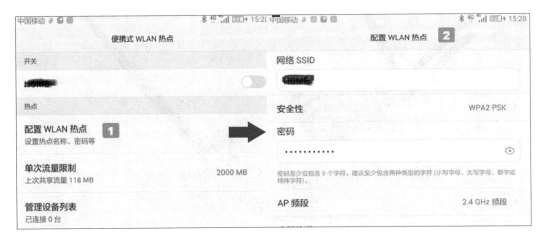

图 6-15　WLAN 热点的配置

　　③ 完成设置后,其他移动终端打开无线 WLAN 功能,可搜索到设置好的 SSID 名称,然后输入相应的密码就可以连接因特网了。具体连接方法这里就不再赘述,与连接无线路由提供的无线网络的连接方法相同。

　　随着技术的不断发展,手机移动网络的资费不断下调,速度不断提升。特别是 5G 网络的出现将使网络访问速度,网络访问的便捷性有很大的提升,将为用户提供更加快捷、高速的网络访问体验。

相关知识

1. 无线上网的方式

无线上网的方式有以下两大类：

（1）无线局域网方式

无线局域网（Wireless LAN，WLAN）是以传统局域网为基础，以无线 AP 和无线网卡来构建的无线上网方式。

（2）移动网络方式

GPRS、CDMA 1X、3G、4G 及 5G 等。通过手机开通数据功能，计算机通过手机或无线上网卡来实现无线上网，速度则由使用的技术、终端支持速度和信号强度共同决定。

2. 无线上网设备

（1）无线网卡

笔记本电脑一般已经配置了无线网卡，可以不再单独购买。台式计算机内一般没有配置无线网卡，若要连接无线网络可以安装一个 PCI-E 的无线网卡，也可以选购一块 USB 接口的无线网卡，两种无线网卡如图 6-16 所示。目前某些品牌的台式计算机也会集成有无线网卡，无须另行安装。

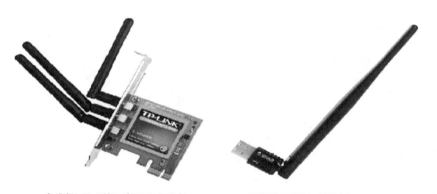

台式机PCI-E接口内置无线网卡　　　　　　USB接口外置无线网卡

图 6-16　无线网卡

（2）无线路由器

无线路由器是指用于用户上网、带有无线覆盖功能的路由器。

无线路由器可以看作一个转发器，将墙面上接出的网络信号通过天线转发给附近的无线网络设备（笔记本电脑，支持 WiFi 的手机、平板电脑等终端设备）。

任务 3
使用 NAT 技术接入因特网

任务描述

通过使用"光猫"接入因特网的方法只适用于家庭或小型企业等小型局域网用户。对于育才中学的网络接入，这种方式并不适用。育才中学校园网络信息点及用户数量众多，需使用专线接入的方式接入因特网，使用专线接入时，通信运营商将提供适量的公网 IP 地址。校园网用户通过公网地址可以访问因特网，由于公网地址数量有限，无法满足所有内部网络终端的上网需求。作为网络管理员，应该采取何种技术来解决该问题，才能使育才中学中的所有终端能够访问因特网呢？

任务分析

IPv4 地址即将耗尽是因特网面临的主要问题之一。NAT 的典型应用是把使用私有 IP 地址的网络连接到因特网，而不必给内部网络中的每个设备都分配公网 IP 地址，这样节省了申请公网 IP 地址的费用，避免了公网地址的浪费。通过 NAT 技术，可以实现私有地址与公网地址的动态转换，从而满足校园网用户访问因特网的需求。一般可通过路由器或防火墙实现 NAT 转换功能。本任务中主要介绍路由器的 NAT 配置方法。

方法与步骤

1. 设备的选择与连接

本任务所需设备包括二层交换机 2 台，路由器 2 台，计算机 3 台（PC1、PC2、PC3），服务器 2 台，配置线一根，直通网线若干及 DTE/DCE 连接线。

实验拓扑图如图 6-17 所示。

实验过程中对网络进行了简化，拓扑图中路由器 B 表示育才中学出口路由器，路由器 A 表示因特网中 ISP 运营商的某个路由器，PC3 表示因特网中的某台计算机，用于验证 NAT 是否转换成功。

2. 方案的规划与验证

根据拓扑图对设备连接情况进行说明。交换机 A、交换机 B 之间通过 F0/24 端口相互连接，交换机 B 的 G0/1 端口连接至路由器 B 的 F0/0 端口。路由器 B 的 S2/0 端口与路由器 A 的 S2/0 端口相连。

WWW 服务器与 Email 服务器连接至交换机 B 的任意端口，在交换机 B 上配置基于端口的 VLAN——VLAN 10，并将两台服务器所在端口划分到 VLAN 10 中。PC1、PC2 连接到交换机 A 的任意端口，在交换机 A 上配置基于端口的 VLAN——VLAN 20 并将两台计算机所在端口划分到 VLAN 20 中。PC3 连接至路由器 A 的 F0/0 端口。

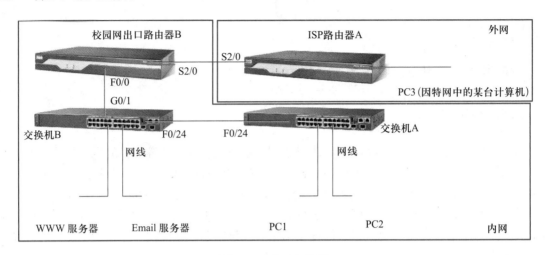

图 6-17 实验拓扑图

通过在路由器 B 上配置单臂路由使拓扑图中 PC1、PC2 与两台服务器能够进行互访。内网设备 IP 地址及 VLAN 端口规划见表 6-1。

表 6-1 内网设备 IP 地址及 VLAN 端口规划表

序号	设备	端口	IP 地址	子网掩码	VLAN
1	路由器 B	F0/0.1	192.168.10.1	255.255.255.0	10
		F0/0.2	192.168.20.1	255.255.255.0	20
2	交换机 B	F0/1–23			10
		F0/24			trunk 端口
		G0/1			trunk 端口
3	交换机 A	F0/1–23			20
		F0/24			trunk 端口

内网中服务器及 PC 的 IP 地址、VLAN 规划见表 6-2。

表 6-2 内网服务器及 PC 的 IP 地址、VLAN 规划表

序号	设备	IP 地址	子网掩码	网关	VLAN
1	WWW 服务器	192.168.10.100	255.255.255.0	192.168.10.1	VLAN 10
2	Email 服务器	192.168.10.101	255.255.255.0	192.168.10.1	VLAN 10
3	PC1	192.168.20.10	255.255.255.0	192.168.20.1	VLAN 20
4	PC2	192.168.20.11	255.255.255.0	192.168.20.1	VLAN 20

假设运营商给育才中学的公网地址范围为 124.11.16.34~124.11.16.50，子网掩码为 255.255.255.0。PC3 模拟因特网中的计算机，IP 地址使用 172.16.0.0/24 网段。要求内网中 WWW 及 Email 服务器在外网中能够访问。将公网地址中两个地址固定分配给两台服务器，其

余地址随机分配给内网计算机使用。外网设备 IP 地址分配表见表 6-3。

表 6-3 外网设备 IP 地址分配表

序号	设备	端口	IP 地址	子网掩码	网关
1	路由器 B	S2/0	124.11.16.34	255.255.255.0	
2	路由器 A	S2/0	124.11.16.35	255.255.255.0	
		F0/0	172.16.0.1	255.255.255.0	
3	PC3		172.16.0.2	255.255.255.0	172.16.0.1

要使内网能够访问外网，需要将内网地址转换成公网地址。转换对应关系见表 6-4。

表 6-4 内外网对应关系转换表

序号	设备	内网 IP 地址	外网 IP 地址
1	WWW 服务器	192.168.10.100	124.11.16.49
2	Email 服务器	192.168.10.101	124.11.16.50
3	PC1	192.168.20.10	124.11.16.36~124.11.16.48
4	PC2	192.168.20.11	

配置完成后最终实现 PC1、PC2、PC3 之间能够互访，PC3 能够访问 WWW 及 Email 服务器。

3. 设备的配置

（1）通过 Console 配置端口登录交换机

本次任务使用思科的 Packet Tracer 6.2 版本模拟器实现，交换机使用模拟器中的 2960 完成配置，路由器使用模拟器中的 Router-PT 完成配置。

（2）配置交换机 A 和交换机 B 的 VLAN 设置

交换机 A：

```
switch>enable
switch#configure terminal
switch（config）#vlan 10
switch（config-vlan）#exit
switch（config）#vlan 20
switch（config-vlan）#exit
switch（config）#interface range fastethernet 0/1-23
switch（config-if-range）#switchport mode access
switch（config-if-range）#switchport access vlan 20
switch（config-if-range）#exit
switch（config）#interface fastethernet 0/24
switch（config-if）#switchport mode trunk
switch（config-if）#exit
```

```
switch（config）#exit
switch#write
```

交换机 B 的配置命令，参考交换机 A。

（3）路由器的基本配置

路由器 A：

```
router>enable
router#configure terminal
router（config）#interface fastethernet 0/0
router（config-if）#ip address 172.16.0.1 255.255.255.0
router（config-if）#no shutdown
router（config-if）#exit
router（config）#interface serial 2/0
router（config-if）#ip address 124.11.16.35 255.255.255.0
router（config-if）#no shutdown
router（config-if）#exit
router（config）#exit
router#write
```

路由器 B：

```
router>enable
router#configure  terminal
router（config）#interface fastethernet 0/0
router（config-if）#no shutdown
router（config-if）#exit
router（config）#interface fastethernet 0/0.1
router（config-subif）#encapsulation dot1Q 10    // 配置子接口 0/0.1 的 vlan 号为 10，同
时封装 802.1q 协议
router（config-subif）#ip address 192.168.10.1 255.255.255.0
router（config-subif）#no shutdown
router（config）#interface fastethernet 0/0.2
router（config-subif）#encapsulation dot1Q 20    // 配置子接口 0/0.2 的 vlan 号为 20，同
时封装 802.1q 协议
router（config-subif）#ip address 192.168.20.1 255.255.255.0
router（config-subif）#no shutdown
router（config-subif）#exit
```

router（config）#interface serial 2/0

router（config-if）#ip address 124.11.16.34 255.255.255.0

router（config-if）#no shutdown

router（config-if）#clock rate 64000　　　　　　　　// 配置串口通信时钟频率

router（config-if）#exit

router（config）#exit

router#write

上述设备基本配置完成后，就可以按照内网配置表 6-2 进行两台服务器及 PC1、PC2 的内网 IP 地址及网关配置，这里不再赘述。配置完成后就可实现内网全网互通。

（4）路由器 B 上 NAT 地址转换的配置

router>enable

router#configure terminal

router（config）#ip nat inside source static 192.168.10.100 124.11.16.49

// 将 WWW 服务器内网地址 192.168.10.100 静态转换成公网地址 124.11.16.49

router（config）#ip nat inside source static 192.168.10.101 124.11.16.50

// 将 Email 服务器地址 192.168.10.101 静态转换成公网地址 124.11.16.50

router（config）#ip nat pool waiwang 124.11.16.36 124.11.16.48 netmask 255.255.255.0

// 建立一个名为 waiwang 的动态地址池，地址范围为公网 IP 范围

router（config）#access-list 1 permit 192.168.20.0 0.0.0.255

// 建立标准访问控制列表 1，允许 192.168.20.0 网段进行操作

router（config）#ip nat inside source list 1 pool waiwang overload

// 将符合访问控制列表 1 的有效 IP 使用地址池 waiwang 的公网地址范围内的公网地址动态匹配

router（config）#interface fastethernet 0/0.1

router（config-subif）#ip nat inside　　　　　　　// 将连接内网的接口设置为 NAT 内部接口

router（config-subif）#exit

router（config）#interface fastethernet 0/0.2

router（config-subif）#ip nat inside　　　　　　　// 将连接内网的接口设置为 NAT 内部接口

router（config-if）#exit

router（config）#interface serial 2/0

router（config-if）#ip nat outside　　　　　　　　// 将连接外网接口设置为 NAT 外部接口

router（config-if）#exit

router（config）#ip route 0.0.0.0 0.0.0.0 124.11.16.35　　　　　　　　// 设置出口路由

router（config）#exit

router#write

（5）验证 NAT 配置

在内网计算机 PC1 或 PC2 上使用 ping 命令 ping 外网计算机 PC3，结果如图 6-18 所示，表明通信正常。

```
PC>ping 172.16.0.2

Pinging 172.16.0.2 with 32 bytes of data:

Request timed out.
Reply from 172.16.0.2: bytes=32 time=3ms TTL=126
Reply from 172.16.0.2: bytes=32 time=1ms TTL=126
Reply from 172.16.0.2: bytes=32 time=1ms TTL=126

Ping statistics for 172.16.0.2:
    Packets: Sent = 4, Received = 3, Lost = 1
(25% loss),
Approximate round trip times in milli-seconds:
    Minimum = 1ms, Maximum = 3ms, Average = 1ms
```

图 6-18　测试结果

在外网计算机 PC3 上通过公网地址 124.11.16.49 访问内网 WWW 服务器，结果如图 6-19 所示，表明访问成功。

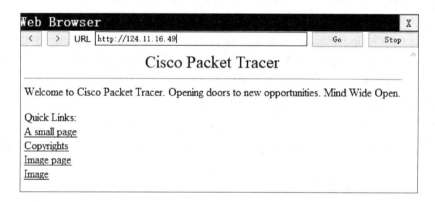

图 6-19　访问 WWW 服务器

完成上述操作后，在路由器 B 上通过 "show ip nat translations" 命令查看 NAT 转换结果，如图 6-20 所示。

```
Router#show ip nat translations
Pro  Inside global      Inside local       Outside local       Outside global
icmp 124.11.16.36:10    192.168.20.10:10   172.16.0.2:10       172.16.0.2:10
icmp 124.11.16.36:11    192.168.20.10:11   172.16.0.2:11       172.16.0.2:11
icmp 124.11.16.36:12    192.168.20.10:12   172.16.0.2:12       172.16.0.2:12
icmp 124.11.16.36:9     192.168.20.10:9    172.16.0.2:9        172.16.0.2:9
---  124.11.16.49       192.168.10.100     ---                 ---
---  124.11.16.50       192.168.10.101     ---                 ---
tcp  124.11.16.49:80    192.168.10.100:80  172.16.0.2:1029     172.16.0.2:1029
tcp  124.11.16.49:80    192.168.10.100:80  172.16.0.2:1030     172.16.0.2:1030
```

图 6-20　NAT 转换结果

　　从上述结果不难看出，内网在访问外网时，通过 NAT 技术将内网的私有地址转换成外网的公有地址，从而实现访问外网的功能，这表明本任务配置的 NAT 转换是成功的。

相关知识

1. NAT 概述

NAT 英文全称是 "Network Address Translation"，中文的意思是 "网络地址转换"，是一种能将私有网络地址（保留 IP 地址）转换为公网（广域网）IP 地址的转换技术。

NAT 不仅可以用来解决 IP 地址不足的问题，还能够有效地避免来自网络外部的攻击，隐藏并保护网络内部的计算机，广泛应用于各种类型的因特网接入方式和各种类型的网络中。

2. NAT 相关术语

① 内部网络（inside）：指由机构或企业所拥有的网络，与 NAT 路由器上被定义为 inside 的接口相连接。

② 外部网络（outside）：指除了内部网络之外的所有网络，通常为因特网，与 NAT 路由器上被定义为 outside 的接口相连接。

③ 内部本地地址（inside local address）：指内部网络主机使用的 IP 地址。这些地址一般为私有 IP 地址，它们不能直接在因特网上路由，因而也就不能直接用于对因特网的访问，必须通过网络地址转换，以合法的 IP 地址的身份来访问因特网。

④ 内部全局地址（inside global address）：指内部网络使用的公有 IP 地址，这些地址是向 ICANN 申请才可取得的公有 IP 地址。当使用内部本地地址的主机要与因特网通信时，实现 NAT 转换就需要使用内部全局地址。

⑤ 外部本地地址（outside local address）：指外部网络主机使用的 IP 地址，这些地址不一定都是公有 IP 地址。

⑥ 外部全局地址（outside global address）：外部网络主机使用的 IP 地址。这些地址是全局可路由的公有 IP 地址。

NAT 中各种地址的概念可由图 6-21 直观反映出来。

3. NAT 工作原理

NAT 工作原理如图 6-22 所示。

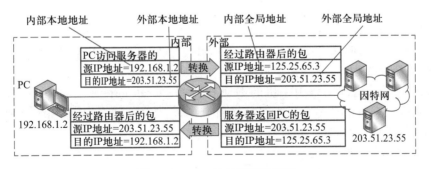

图 6-21　NAT 地址解释示意图

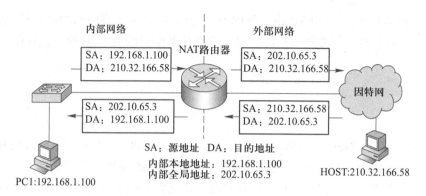

图 6-22　NAT 工作原理示意图

当内部结点 PC1 要访问外部的 HOST 主机时，PC1 发送源地址为 192.168.1.100，目的地址为 210.32.166.58 的 IP 报文，该 IP 报文将被路由到边界路由器。路由器收到这个 IP 报文后，将源地址改变为公有地址 202.10.65.3，并将私有地址 192.168.1.100 与公有地址 202.10.65.3 间的地址映射关系存入地址映射表，然后发出修改后的 IP 报文。当 HOST 主机收到并回复报文后，路由器再根据地址映射表中的地址对应关系，把目的地址转换为 PC1 的地址，这样就完成了私有地址主机与因特网上的主机的通信。

4. NAT 的实现方式

（1）静态 NAT

内部网络中的每个主机都被永久映射成外部网络中的某个合法的地址。将内部网络的私有 IP 地址转换为公有 IP 地址，IP 地址转换是一对一的，静态 NAT 转换条目需要预先手工进行创建。

（2）动态 NAT

在外部网络中定义了一系列的合法地址，采用动态分配的方法映射到内部网络。将内部网络的私有 IP 地址转换为公用 IP 地址时，IP 地址对是不确定的，是随机的，所有被授权访问因特网的私有 IP 地址可随机转换为任何指定的合法公有 IP 地址。

（3）端口复用 NAT

把内部地址映射到外部网络的一个 IP 地址的不同端口上。又称端口地址转换（PAT 或 NAPT）或者 NAT 重载。端口复用 NAT 将多个私有 IP 地址映射到一个或几个公有 IP 地址，利用不同的端口号跟踪每个私有地址。

5. NAT 配置命令详细介绍

（1）ip nat inside source static

命令：ip nat inside source static { tcp | udp } local-ip local-port global-ip global-port

功能：配置内部源地址静态转换条目。

参数：local-ip——内部网络中主机的本地 IP 地址；local-port——本地 TCP/UDP 端口号，取值范围为 1-65 535；global-ip——外部网络看到的内部主机的全局唯一的 IP 地址；global-port——全局 TCP/UDP 端口号，取值范围为 1-65 535。

命令模式：全局配置模式。

使用指南：静态 NAT，建立内部本地地址和内部全局地址的一对一永久映射。

（2）ip nat pool

命令：ip nat pool pool-name start-ip end-ip { netmask netmask | prefix-length n }

功能：定义动态 NAT 公网地址池。

参数：pool-name——定义的地址池的名称；start-ip——定义的地址池的起始地址；end-ip——定义的地址池的结束地址；netmask——定义的地址池中地址使用的子网掩码；n——子网掩码中"1"的位数。

命令模式：全局配置模式。

（3）access-list

命令：access-list access-list-number permit local-ip netmask

功能：参与 NAT 转换的源地址列表。

参数：access-list-number——访问控制列表编号；local-ip——内部网络中主机的本地 IP 地址；netmask——子网掩码。

命令模式：全局配置模式。

（4）ip nat inside source list

命令：ip nat inside source list access-list-number { interface interface | pool pool-name}

功能：配置动态转换条目。

参数：access-list-number——引用的访问控制列表编号，只有源地址匹配该访问控制列表，才会进行 NAT 转换；interface——路由器的本地接口，使用该参数表示利用该接口的地址进行转换；pool-name——引用的地址池名称。

命令模式：全局配置模式。

使用指南：该命令将符合访问控制列表条件的内部本地地址转换到地址池中的内部全局地址。当地址池中的地址分配完后，若要再次进行分配只能等待公网地址释放后才能进行。

（5）ip nat inside source list

命令：ip nat inside source list access-list-number { interface interface | pool pool-name} overload

功能：配置端口复用的动态转换条目。

参数：access-list-number——引用的访问控制列表编号，只有源地址匹配该访问控制列表，才会进行 NAT 转换；interface——路由器的本地接口，使用该参数表示利用该接口的地址进行转换；pool-name——引用的地址池名称；overload——使用该参数表示 NAPT，将源端口也进行转换。

命令模式：全局配置模式。

使用指南：该命令将符合访问控制列表条件的内部本地地址转换到地址池中的内部全局地址。在动态转换中，pool 中的每个全局地址都是可以复用转换的。

（6）ip nat { inside | outside }

命令：ip nat { inside | outside }

功能：指定 NAT 的内部接口 / 外部接口。

参数：inside——指定接口为 NAT 内部接口；outside——指定接口为 NAT 外部接口。

命令模式：接口配置模式。

使用指南：设置完成 NAT 后，将连接内网的端口设置成 inside；将连接外网的端口设置成 ouside。若使用子接口则应在子接口中设置。

思考与练习

一、填空题

1. WLAN 工作在＿＿＿＿ GHz 和＿＿＿＿ GHz 频段。

2. GPRS 技术是一种叠加在＿＿＿＿系统上的＿＿＿＿技术。

3. ＿＿＿＿是用于将一个地址域（如企业内部网 Intranet）映射到另一个地址域（如国际因特网 Internet）的标准方法。

二、选择题

1. 目前，家庭常用的因特网接入方式是（　　）。
   - A. 光纤接入
   - B. GPRS 接入
   - C. ADSL 接入
   - D. DDN 专线接入

2. 某处于高山之巅的气象台，环境较为恶劣，要在短期内接入因特网，现在要选择连接山上山下结点的传输介质，恰当的选择是（　　）。
   - A. 无线传输
   - B. 光缆
   - C. 双绞线
   - D. 同轴电缆

3. 如果企业内部需要连接到因特网的用户一共有 400 个，但该企业只申请到一个 C 类的合法 IP 地址，则应该使用的 NAT 方式是（　　）。
   - A. 静态 NAT
   - B. 动态 NAT
   - C. PAT
   - D. TCP 负载均衡

4. 局域网要与因特网互连，必备的互连设备是（　　）。
   - A. 中继器
   - B. 调制解调器
   - C. 交换机
   - D. 路由器

5. 选择因特网接入方式时可以不考虑（　　）。
   - A. 用户对网络接入速度的要求
   - B. 用户所能承受的接入费用和代价
   - C. 接入计算机或计算机网络与因特网之间的物理距离
   - D. 因特网上主机运行的操作系统类型

三、问答题

1. 请简述常见的因特网接入方式。

2. 无线上网的方式有哪几种？

四、实验题

现假设某单位创建了 PC1、PC2 和其他若干的计算机组成的内部网络，这些计算机要求能够访问因特网。为实现此功能，本单位向当地的 ISP 申请了一段公网的 IP 地址 210.28.1.11~210.28.1.12/24，通过动态 NAT 转换，内网中可以有两台计算机能够同时访问因特网。只有公有地址被释放后，别的计算机才能访问因特网。拓扑结构及 IP 地址分配如图 6-23 所示。

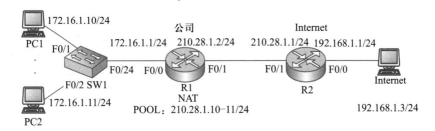

图 6-23 实验拓扑

根据拓扑结构及所学知识完成实验配置。实现 PC1、PC2 能够同时正常访问因特网。当其中一台不访问时，其他计算机才能访问因特网。

项目 7

网络安全防护

 情景故事

　　完成了建设改造的育才中学校园网，实现了分散的各个楼宇及信息点之间的互连互通，满足了师生对于校园网的信息化需求。改造后的校园网在建成的初始阶段，由于缺少安全防护经验，没有在终端计算机上安装任何安全防护软件。结果网络运行一段时间之后，开始收到大量的网络攻击报告和中毒报告。

　　经过网络中心管理人员的努力工作，分析得出造成网络安全危险的源头来自两个方面，一是校园内部网络中有部分被病毒感染的终端不断地对网络中的其他主机进行攻击，二是校园网络外部黑客及病毒的入侵。针对这些情况，网络管理人员快速拿出了有针对性的网络安全整体解决方案。首先针对内部网络的安全问题，在连入校园网内网的每台终端设备上，安装反病毒、主动防御、防火墙深度融合的安全软件，尽可能减小网络攻击和病毒扩散的范围，降低其对网络内部造成的危险。其次，针对外部网络黑客及病毒的入侵和攻击，在因特网网络的入口处，配置硬件防火墙设备，分割内部网络的安全域并阻断来自外部网络的攻击，成功解决了育才中学校园网的网络安全问题。

◆ 项目说明

　　随着互联网的普及和国内各院校网络建设的不断发展，很多院校都建立了自己的校园网，校园网已经成为学校信息化的重要组成部分。但随着黑客入侵的增多及网络病毒的泛滥，校园网的安全已成为不容忽视的问题，如何在开放的网络环境中保证校园网的安全已经成为十分迫切的问题。

　　本项目详细介绍了安全软件安装设置和硬件防火墙安装使用的方法和步骤。通过本项目的学习，能够掌握安全软件的安装和设置、硬件防火墙安装、调试及工作模式选择的方法和步骤，对网络安全中承担重要角色的防火墙有一个全面的了解和掌握。

◇ 学习目标

1. 理解网络安全的基础知识。
2. 掌握安全软件安装与设置。
3. 掌握硬件防火墙桥模式的安装与配置。
4. 掌握硬件防火墙路由模式的安装与配置。

任务 1
计算机安全软件的安装与设置

任务描述

网络中的计算机是网络安全最薄弱的环节，可能遭受到病毒、蠕虫、木马等程序的攻击，而现在的攻击方式一般都由网络发起，因此主机的安全与否直接关系到网络能否正常运行。一个被感染的主机，影响的不仅仅是自己的正常工作，同时还会对周围其他主机产生威胁并影响其安全。所以，这就需要我们对接入校园网的每个终端设备，加强其抵抗网络病毒及网络攻击的能力，从而保护校园网络的安全。

任务分析

要使主机终端有能够抵抗病毒及网络攻击的能力，就需要在主机终端设备上安装相应的防病毒及抵御网络攻击的专用软件。随着技术的发展，目前的安全软件一般都具备了反病毒、防木马、主动防御、防火墙等功能，能更加精准地发现病毒威胁并进行灵活有效的处理，有计算机知识的用户还可自主添加规则，更好地保护自己的计算机。

本任务中，我们选取了"火绒"安全软件进行演示。"火绒"安全软件是一款针对个人用户的免费的软件，从杀、防、管、控等方面进行功能设计，主要有病毒查杀、防护中心、家长控制、扩展工具 4 部分功能，能有效地帮助用户解决病毒、木马、流氓软件、恶意网站、黑客侵害等安全问题。

方法与步骤

1. "火绒"安全软件的安装

先到"火绒"软件官网下载火绒安全软件（个人用户），启动安装包，使用默认路径极速安装即可。"火绒"安全软件按照默认规则开始保护计算机。

2. 病毒查杀

① 单击任务托盘中的"火绒安全"图标，打开"火绒安全"窗口，如图 7-1 所示，提供了三种查杀方式，即快速查杀（推荐日常使用），针对计算机敏感位置进行查杀，用时较少；全盘查杀（推荐定期使用），针对计算机所有磁盘位置，用时较长；自定义查杀（遇到部分文件不确定安全时使用），可对磁盘中的任意位置进行病毒扫描。

② 选择"快速查杀"，如图 7-2 所示。扫描到威胁后，软件提供"立即处理"和"忽略"两种选择。选择"忽略"，对扫描出的风险项目不做处理；选择"立即处理"威胁文件将被添加至"隔离区"。

③ 确认安全的文件，不希望被查杀的文件，可以添加到"信任区"，此列表中的文件或文件夹不会被病毒查杀、文件实时监控、恶意行为监控、U 盘保护和下载功能等扫描。

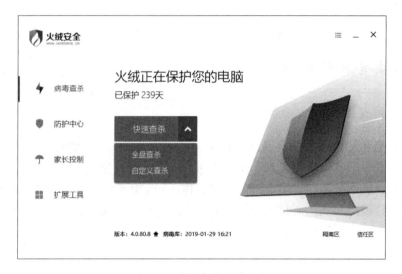

图 7-1 选择病毒查杀方式

图 7-2 快速查杀

3. 病毒防御

在"防护中心"窗口,可以选择开启或关闭"病毒防御"的"文件实时监控""恶意行为监控""U盘保护""下载保护"功能,如图 7-3 所示。还可进入"设置"窗口对各种病毒防御行为进行设置。

4. 系统防御

在"防护中心"窗口,也可以选择开启或关闭"系统防御"的"系统加固""自定义防护""软件安装拦截""浏览器保护"功能。还可进入"设置"窗口对各种病毒防御行为进行设置,如图 7-4 所示。

5. 网络防御

① 在防护中心窗口,还可以选择开启或关闭"网络防御"的"黑客入侵拦截""对外攻击检测""网购保护""恶意网站拦截""IP 协议控制""联网检测"功能。还可进入"设置"窗

图 7-3　设置病毒防御

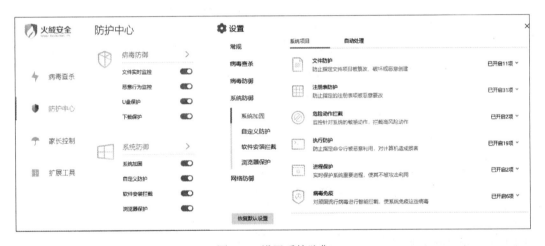

图 7-4　设置系统防御

口对各种病毒防御行为进行设置。

　　② 具有一定计算机知识的用户，可对规则进行一定的自定义设置。如图 7-5 所示，在"IP 协议控制"的设置窗口，显示内置规则，可根据需要对规则进行修改，并选择启用或禁用。

　　③ 在此窗口，还可选择"添加规则"，导入或导出规则，以满足不同的安全需要。

　相关知识

1. 网络安全

　　网络安全是指通过采取各种技术与管理措施，使网络系统的硬件、软件及其系统中的数据资源受到保护，不因一些不利因素的影响而使这些资源遭到破坏、更改、泄露，保证网络系统连续、可靠、正常地运行，网络服务不中断。

图 7-5　修改网络协议

（1）网络安全的主要威胁

　　网络安全面临着多种风险，包括物理风险、管理风险、信息风险、应用风险和恶意攻击等。由于计算机操作系统和软件本身存在着一些固有的弱点，网络协议及系统存在的一些漏洞，非授权的用户可以利用这些弱点对网络系统进行非法访问或攻击，这种非法访问会使系统内数据的完整性受到威胁，也可能使信息遭到破坏而不能使用。由于自然灾害、物理环境威胁或者管理制度的缺陷，网络系统基础设施、设备、存储介质也可能由于非法的物理访问、环境危害和自然灾害遭到破坏。

（2）网络安全的特征

　　由于网络安全威胁的多样性、复杂性和网络信息、数据的重要性，在设计网络系统的安全时，应该努力达到安全目标，一个安全的网络具有以下 5 个特性。

　　① 机密性：信息不泄露给非授权用户、实体或过程，或供其利用的特性。

　　② 完整性：数据未经授权不能进行改变的特性。即信息在存储或传输过程中保持不被修改、不被破坏和丢失的特性。

　　③ 可用性：可被授权实体访问并按需求使用的特性。即当需要时能否存取所需的信息。

④ 可控性：可以控制授权范围内的信息流向及行为方式。

⑤ 可审查性：对出现的网络安全问题提供依据和手段。

2. 网络安全技术

拥有网络安全意识是保证网络安全的重要前提。许多网络安全事件的发生都和缺乏安全防范意识有关。保护网络安全，既要实施严格的网络管理制度，更要不断更新网络安全技术。在此，我们主要学习访问控制、入侵检测防御、加密与认证、防范恶意代码等技术。防火墙技术在本章任务 2 中单独学习。

（1）访问控制

访问控制是策略和机制的集合，它也可保护资源，防止那些无权访问资源的用户的非法访问。

访问控制是网络安全防范和保护的主要策略。它的首要任务是保证网络资源不被非法使用和非常规访问。它也是维护网络系统安全、保护网络资源的重要手段。各种网络安全策略必须相互配合才能真正起到保护作用，但访问控制可以说是保证网络安全最重要的核心策略之一。

访问控制策略主要是根据用户的身份及访问权限决定其访问操作，只要用户身份被确认后，即可根据访问控制表赋予该用户的权限，进行限制性地访问。主要有访问控制矩阵、访问控制表（Access Control List，ACL）、能力关系表等 3 种方式。

（2）入侵检测防御

入侵检测防御技术是指识别针对计算机或者网络资源的恶意企图和行为，并对此做出反应的一种网络技术。入侵检测防御技术是继信息加密、防火墙等传统安全技术之后的新一代安全保障技术，它监视计算机系统或网络中发生入侵的行为，并对其进行分析，以寻找危及系统安全性或绕过安全机制的入侵行为，对检测出的网络攻击进行相应告警、中断等。入侵检测的作用包括威慑、检测、响应、损失情况评估、攻击预测和起诉支持等。进行入侵检测的软件与硬件的组合便是入侵检测防御系统。

入侵检测防御技术可以通过入侵检测系统和入侵防御系统实现。

入侵检测系统（Intrusion Detection System，IDS）用于对网络、系统的运行状况进行监视，以保护整个网络系统的安全。它通过收集和分析网络行为、安全日志、审计数据以及计算机系统中若干关键点的信息，检查网络或系统中是否存在违反安全策略的行为和被攻击的迹象，如图 7-6 所示。

入侵防御系统（Intrusion Prevention System，IPS）是指针对检测到的网络中的攻击进行主

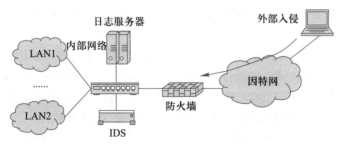

图 7-6　入侵检测系统工作原理

动防御，在 IPS 设备上对攻击流进行处理。

从对攻击流的识别技术来看，IPS 和 IDS 采用相同的识别技术，IPS 设备接收数据流，以存储转发的方式来进行检测，如碎片重组、流重组、协议分析、状态检测等深度分析检测，对存在攻击的数据流进行实时处理，如图 7-7 所示。

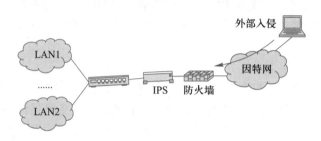

图 7-7　入侵防御系统工作原理

IPS 和 IDS 最大的不同是两者的部署方式不同，IDS 为旁挂方式，对网络影响比较小，而 IPS 采用直路的方式，加入了单点故障，同时 IPS 设备的性能对网络也有较大的影响。

深度报文检测（Deep Packet Inspection，DPI）是入侵检测防御技术的高级形式，是相对普通报文分析而言的一种新技术，普通报文检测仅仅分析 IP 包的 4 层以下的内容，包括源地址、目的地址、源端口、目的端口以及协议类型，而 DPI 则在此基础上，增加了对应用层的分析，可识别出各种应用及其内容。

（3）数据加密与认证

① 数据加密技术。数据加密是指将明文信息采取数学方法进行函数转换，形成密文，只有特定接收方才能将其解密，还原成明文的过程。数据加密技术用于数据保密、身份验证、保持数据完整性和确认事件的发生。加密技术包括两个元素：算法和密钥。算法是将普通的文本（或者可以理解的信息）与一串数字（密钥）结合，产生不可理解的密文的步骤。密钥是用来对数据进行编码和解码的一种算法。密钥加密技术的密码体制分为对称密钥体制和非对称密钥体制两种。相应地，数据加密的技术也分为两类，即对称加密（私人密钥加密）和非对称加密（公开密钥加密）。对称加密以数据加密标准（Data Encryption Standard，DES）算法为典型代表，非对称加密通常以 RSA 算法为代表。对称加密的加密密钥和解密密钥相同，而非对称加密的加密密钥和解密密钥不同（加密密钥可以公开，解密密钥需要保密）。

密码技术不仅服务于信息的加密和解密，还是身份认证、访问控制、数字签名等多种安全机制的基础。

② 认证技术。认证的目的有 3 个，一是消息完整性认证，即验证信息在传送或存储过程中是否被篡改；二是身份认证，即验证消息的收发者是否持有正确的身份认证符，如口令或密钥等；三是消息的序号和操作时间（时间性）等的认证，其目的是防止消息重放或延迟等攻击。认证技术是防止不法分子对信息系统进行主动攻击的一种重要技术。

一个安全的认证体制至少应该满足以下要求：一是接收者能够检验和证实消息的合法性、真实性和完整性；二是消息的发送者对所发的消息不能抵赖，有时还要求消息的接收者不能否认收到的消息；三是除了合法的消息发送者外，其他人不能伪造发送消息。

认证体制中通常存在一个可信中心或可信第三方（如认证机构 CA，即证书授权中心），用于仲裁、颁发证书或管理某些机密信息。通过数字证书实现公钥的分配和身份的认证。

认证技术一般有数字签名技术、身份认证技术、消息认证技术和数字水印等。

（4）防范恶意代码

恶意代码是指故意编制或设置的、对网络或系统会产生威胁或潜在威胁的计算机代码。最常见的恶意代码有计算机病毒（简称病毒）、特洛伊木马（简称木马）、计算机蠕虫（简称蠕虫）、后门、逻辑炸弹等。

计算机病毒是一种能破坏计算机系统资源的一段代码。感染后，搜索所有可执行文件，在其中加上病毒代码，并通过修改系统文件，使执行时首先执行病毒代码，一般通过电子邮件、文件复制、引导区感染（如通过 U 盘等移动介质）来传播。计算机病毒具有隐蔽性、传播性、潜伏性、触发性和破坏性等特点。它一旦发作，轻者会影响系统的工作效率，占用系统资源，重者会毁坏系统的重要信息，甚至使整个网络系统陷于瘫痪。

木马，是指能直接侵入用户的计算机并进行破坏的程序，它常被伪装成工具程序或游戏等，诱使用户打开带有特洛伊木马程序的邮件附件或从网上直接下载，一旦用户打开了这些邮件的附件或执行了这些程序之后，就会在自己的计算机系统中隐藏一个能在 Windows 启动时悄悄执行的程序。当用户连接到因特网时，这个程序就会通知攻击者，报告用户的 IP 地址及预先设定的端口。攻击者在收到这些信息后，再利用这个潜伏在其中的程序任意地修改用户计算机的参数、复制文件、窥视整个硬盘中的内容等，从而达到控制用户计算机的目的。木马实质是 C/S 结构的网络程序，具有隐蔽性、非授权性、可控性和高效性的特点。

蠕虫是利用系统漏洞来进行传播的，也是一个独立的可执行文件。它是一种智能化的攻击程序或代码，主动扫描和攻击网络上存在的系统漏洞的结点主机，通过局域网或者互联网从一个结点传播到另一个结点。

现在的恶意代码很多综合了病毒、木马、蠕虫等多种代码特点，向专业化、多平台、复杂化发展。

防范恶意代码，一般包括预防技术、检测技术和清除技术。主要采用安全软件，加固系统，对恶意代码进行检测，发现异常、分析异常、处理异常，及时清除。同时也应养成良好的使用计算机的习惯和上网习惯。

3. 网络管理

网络管理是指为保证网络系统能够持续、稳定、安全、可靠和高效地运行，对网络实施的一系列方法和措施。管理对象有硬件资源和软件资源。网络管理的任务就是收集、监控网络中各种设备和设施的工作参数、工作状态信息，将结果显示给管理员并进行处理，从而控制它们的工作参数和工作状态。网络管理包括配置管理、故障管理、性能管理、计费管理和安全管理 5 大功能。

简单网络管理协议（SNMP，Simple Network Management Protocol），由一组网络管理的标准组成，包含一个应用层协议、数据库模型和一组资源对象。该协议能够支持网络管理系统，用以监测连接到网络上的设备是否有任何引起管理上关注的情况。该协议是互联网工程工作小组（Internet Engineering Task Force，IETF）定义的互联网协议簇的一部分。SNMP 的目标是管理互联网 Internet 上众多厂家生产的软硬件平台，因此 SNMP 受互联网标准网络管理框架的影响也很大，它已经出到第三个版本的协议，其功能较以前已经大大地加强和改进。

任务 2
硬件防火墙桥模式的安装与配置

✿ 任务描述

　　育才中学为了扩大学校的对外宣传力度，通过在校内架设 WWW 服务器发布了学校的宣传网站。要求 WWW 服务器能够被外网所访问，同时又要保证内网及服务器的安全，防止外部网络攻击。该如何实现？

⚙ 任务分析

　　要保证育才中学校园网内网安全，同时又能够实现部分服务器外部网络访问的需求，这里我们可以通过硬件防火墙实现。针对需求可将防火墙配置为网桥模式，这样可以允许合法的数据报通过，由于只需提供 WWW 服务，所以只开放 80 端口，其他的端口都屏蔽。

　　该任务需掌握防火墙网桥模式的配置，并验证网桥模式下配置的有效性。理解防火墙的网桥模式的原理及应用环境。

⚙ 方法与步骤

　　1. 设备的选择与连接

　　本任务所需设备包括锐捷 RG-WALL60 防火墙 1 台，计算机 2 台（PC1、PC2），直通网线 2 根，交叉线 1 根。

　　任务拓扑如图 7-8 所示。

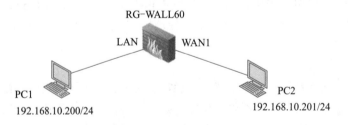

RG-WALL60

LAN　　WAN1

PC1　　　　　　　　　　　　　　　　PC2
192.168.10.200/24　　　　　　　　　　192.168.10.201/24

图 7-8　任务拓扑图

　　2. 方案的规划与验证

　　将 PC1 通过双绞线连接至防火墙 RG-WALL60 的 LAN 口，模拟内网计算机。将 PC2 通过双绞线连接至防火墙 RG-WALL60 的 WAN 1 口，模拟外网计算机。按照任务拓扑图 7-8 所示，完成 PC 端 IP 地址配置。

　　正式使用防火墙前，需要配置防火墙的管理主机、管理员账号和权限、网口上可管理 IP 地址、防火墙管理方式等。默认管理员账号为 admin，密码为 firewall；默认管理口为防火墙

WAN 口；可管理 IP 地址为 WAN 口上的默认 IP 地址，为 192.168.10.100/255.255.255.0；管理主机 IP 地址默认为 192.168.10.200/255.255.255.0。

防火墙 Web 登录认证方式有两种：一是为 PC 上安装数字证书，二是为 PC 上配套使用加密狗。本任务使用通过数字证书方式登录防火墙的 Web 管理界面，完成防火墙配置，验证 PC1 与 PC2 的连通性。

3. 配置防火墙

（1）在 PC1 上安装数字证书

① 如图 7-9 所示，双击运行随机附带的光盘中 "Admin Cert" 文件夹→ "admin.p12" 文件，进行数字证书导入。

② 出现图 7-10 所示的欢迎界面，单击 "下一步" 按钮继续。

图 7-9　运行 admin.p12 文件

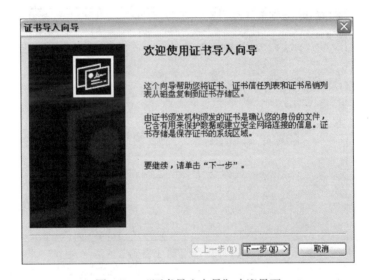

图 7-10　"证书导入向导" 欢迎界面

③ 在如图 7-11 所示的 "证书导入向导" 对话框中，核对证书名称及所在位置，单击 "下一步" 按钮。

④ 在图 7-12 所示的界面中，输入证书密码。锐捷防火墙证书默认密码为 "123456"。单击 "下一步" 按钮。

⑤ 在图 7-13 所示的界面中，选中 "根据证书类型，自动选择证书存储区" 选项。单击 "下一步" 按钮。

⑥ 在图 7-14 所示界面中单击 "完成" 按钮，出现 "导入成功" 提示，如图 7-15 所示，完成了防火墙证书的导入工作。

（2）登录防火墙 Web 管理界面

① 通过任务拓扑图可知，已将 PC 1 的 IP 地址设为防火墙的默认管理地址 192.168.10.200。然后先将 PC1 通过交叉线连接至防火墙的 WAN 口。在 PC1 浏览器中输入 https: //192.168.10.100：

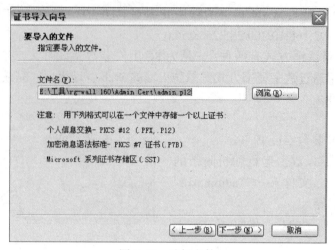

图 7-11 选择文件

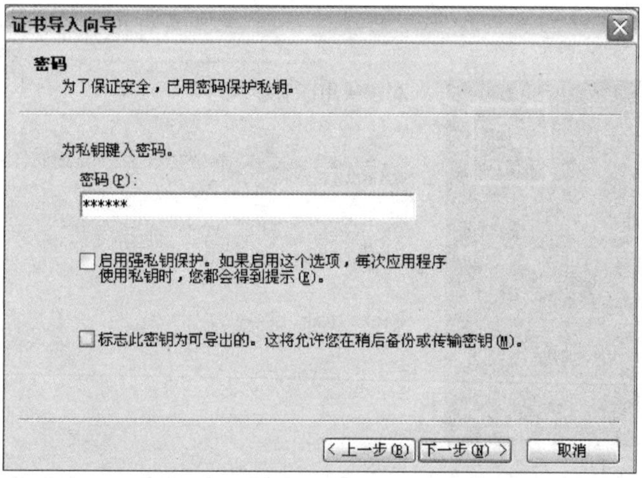

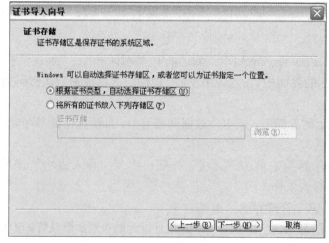

图 7-12 设置证书密码

图 7-13 选择证书存储

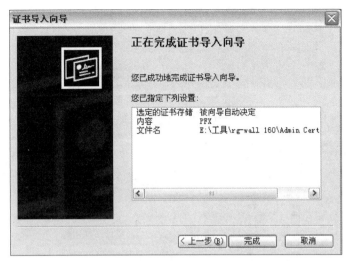

图 7-14 正在完成证书导入 　　　　　　　图 7-15 "导入成功"对话框

图 7-16 防火墙登录界面

6666（数字证书认证方式），出现图 7-16 的登录界面。

　　② 在登录界面中输入用户名"admin"，默认密码"firewall"，进入图 7-17 所示的防火墙首页面。

　　（3）设置 LAN 口的工作模式

　　在窗口的左方的树形菜单中，单击"网络配置"→"网络接口"，进入图 7-18 所示的界面，将"lan"口工作模式设置为"混合模式"。

　　同理我们在图 7-18 中，将"wan 1"口的工作模式设置为"混合模式"，如图 7-19 所示。

　　设置完成后防火墙各个端口 LAN 口和 WAN1 口的工作模式已经变为"混合模式"，如图 7-20 所示。

　　（4）添加包过滤规则

　　防火墙在未配置规则之前，安全规则中默认禁止一切数据通过。也就是说配置完端口工作

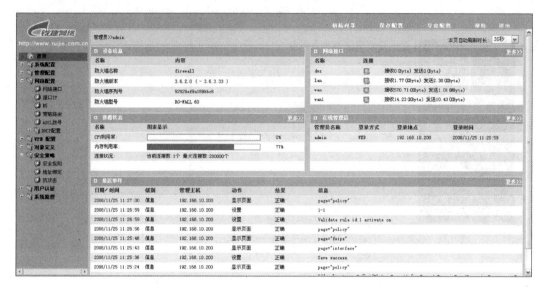

图 7-17　防火墙首页

图 7-18　LAN 接口设置

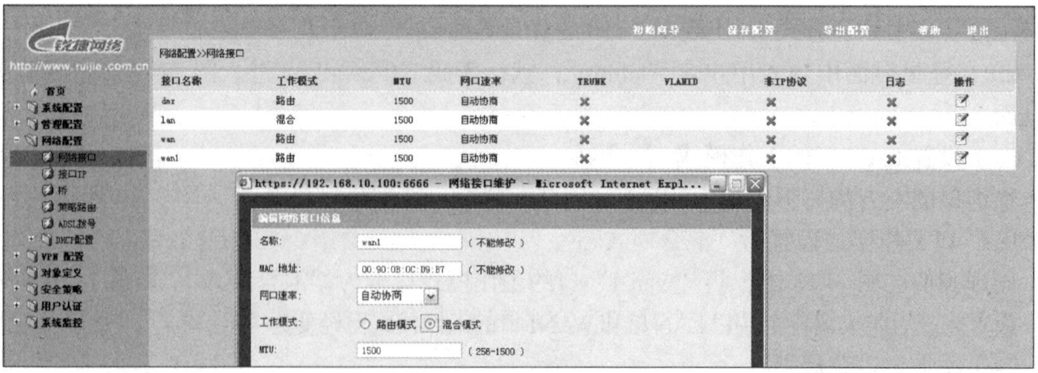

图 7-19　WAN1 接口设置

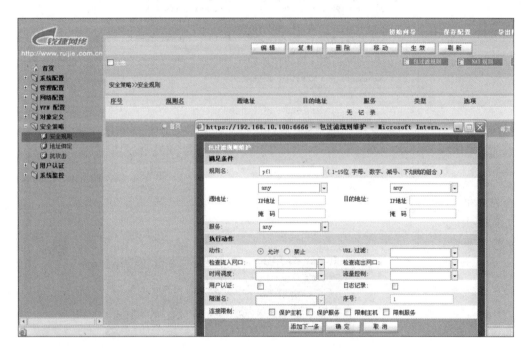

图 7-20 防火墙各个端口状态

模式后，内外网还是无法实现通信。如果需要数据包通过，必须添加相应的包过滤等安全规则。

在"安全策略 – 安全规则"中添加包过滤规则，允许防火墙所连接的两台计算机相互访问。我们将规则名称设置为"pf1"，在"源地址"和"目的地址"对应的文本框中，均选择"any"选项，如图 7-21 所示。若仅允许某一服务通过防火墙进行数据通信，可在"服务"中选择相应的服务类型，这里我们选择"any"，允许所有数据通过。执行动作选择"允许"。

图 7-21 添加包过滤规则

完成设置后，如图 7-22 所示，可以看出创建的"pf1"这条规则已经生效。

（5）验证结果

防火墙配置完成后将 PC1 使用直通线连接至防火墙的 LAN 口，PC1 其他配置不变。在 PC1 上的命令提示符窗口内，输入"ping 192.168.10.201"，测试 PC1 与 PC2 连通性。结果如图 7-23 所示，表示 PC1 可以 ping 通 PC2。

若包过滤规则设置为"禁止"，这时我们看到"pf1"这条规则的状态为"失效"状态。再次执行 PC1 ping PC2，如图 7-24 所示，发现 PC1 不能 ping 通 PC2。

再次将包过滤规则打开，则 PC1 又可以 ping 通 PC2，如图 7-25 所示。

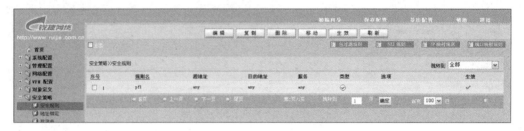

图 7-22　完成添加包过滤规则

```
C:\Documents and Settings\RaymondYF>ping 192.168.10.201

Pinging 192.168.10.201 with 32 bytes of data:

Reply from 192.168.10.201: bytes=32 time<1ms TTL=128
Reply from 192.168.10.201: bytes=32 time<1ms TTL=128
Reply from 192.168.10.201: bytes=32 time<1ms TTL=128
Reply from 192.168.10.201: bytes=32 time<1ms TTL=128

Ping statistics for 192.168.10.201:
    Packets: Sent = 4, Received = 4, Lost = 0 (0% loss),
Approximate round trip times in milli-seconds:
    Minimum = 0ms, Maximum = 0ms, Average = 0ms

C:\Documents and Settings\RaymondYF>
```

图 7-23　PC1 ping PC2

图 7-24　PC1 ping PC2 失败

```
C:\Documents and Settings\RaymondYF>ping 192.168.10.201

Pinging 192.168.10.201 with 32 bytes of data:

Reply from 192.168.10.201: bytes=32 time<1ms TTL=128
Reply from 192.168.10.201: bytes=32 time<1ms TTL=128
Reply from 192.168.10.201: bytes=32 time<1ms TTL=128
Reply from 192.168.10.201: bytes=32 time<1ms TTL=128

Ping statistics for 192.168.10.201:
    Packets: Sent = 4, Received = 4, Lost = 0 (0% loss),
Approximate round trip times in milli-seconds:
    Minimum = 0ms, Maximum = 0ms, Average = 0ms
```

图 7-25　PC1 ping PC2 成功

 相关知识

1. 网络防火墙概念

网络的"防火墙",是指一种将内部网和公众访问网(如因特网)分开的方法,它实际上是一种隔离技术。防火墙是在两个网络通信时执行的一种访问控制技术,它能允许你"同意"的人和数据进入你的网络,同时将你"不同意"的人和数据拒之门外,最大限度地阻止网络中的黑客访问你的网络。换句话说,如果不通过防火墙,公司内部的人就无法访问因特网,因特网上的人也无法和公司内部的人进行通信。

2. 防火墙的功能

(1)基本功能

防火墙最基本的功能就是控制计算机网络中不同信任程度的区域(例如,互联网是不可信任的区域,而内部网络是高度信任的区域)传送的数据流,以避免安全策略中禁止的一些通信,与建筑中的物理防火墙功能相似。

防火墙对流经它的网络通信进行扫描,这样能够过滤掉一些攻击,以免其在目标计算机上被执行。防火墙还可以关闭不使用的端口,而且它还能禁止特定端口的流出通信,封锁特洛伊木马。最后,它可以禁止来自特殊站点的访问,从而阻止来自不明入侵者的所有通信。

(2)网络安全的屏障

一个防火墙(作为阻塞点、控制点)能极大地提高一个内部网络的安全性,并通过过滤不安全的服务而降低风险。由于只有经过精心选择的应用协议才能通过防火墙,所以网络环境变得更安全。例如,防火墙可以禁止一些众所周知的不安全的协议,这样外部的攻击者就不可能利用这些脆弱的协议来攻击内部网络。防火墙同时可以保护网络免受基于路由的攻击,如 IP 选项中的源路由攻击和 ICMP 重定向中的重定向路径。防火墙应该可以拒绝所有以上类型攻击的报文并通知防火墙管理员。

(3)强化网络安全策略

通过以防火墙为中心的安全方案配置,能将所有安全软件(如口令、加密、身份认证、审计等)配置在防火墙上。与将网络安全问题分散到各个主机上相比,防火墙的集中安全管理更经济。例如,在网络访问时,一次一密的口令系统和其他的身份认证系统完全可以不必分散在各个主机上,而集中在防火墙上。

(4)监控网络存取和访问

如果所有的访问都经过防火墙,那么,防火墙就能记录下这些访问并做出日志记录,同时也能提供网络使用情况的统计数据。当发生可疑动作时,防火墙能进行适当的报警,并提供网络是否受到监测和攻击的详细信息。另外,收集一个网络的使用和误用情况也是非常重要的,可以清楚防火墙是否能够抵挡攻击者的探测和攻击,并且清楚防火墙的控制是否充足。而网络使用统计对网络需求分析和威胁分析等而言也是非常重要的。

(5)防止内部信息的外泄

通过利用防火墙对内部网络的划分,可实现内部网重点网段的隔离,从而限制了局部重点或敏感网络安全问题对全局网络造成的影响。再者,隐私是内部网络中非常重要的问题,一个

内部网络中不引人注意的细节可能包含了有关安全的线索而引起外部攻击者的兴趣，甚至因此而暴露了内部网络的某些安全漏洞。使用防火墙就可以隐藏那些透露的内部细节，如 Finger、DNS 等服务。Finger 显示了主机的所有用户的注册名、真名，最后登录时间和使用 shell 类型等，但是 Finger 显示的信息非常容易被攻击者所获悉，攻击者可以知道一个系统使用的频繁程度，这个系统是否有用户正在连线上网，这个系统是否在被攻击时引起注意等。防火墙可以同样阻止有关内部网络中的 DNS 信息，这样一台主机的域名和 IP 地址就不会被外界所了解。

3. 防火墙的优点

① 防火墙能强化安全策略。

② 防火墙能有效地记录因特网上的活动。

③ 防火墙限制暴露用户点。防火墙能够用来隔开网络中一个网段与另一个网段。这样，能够防止影响一个网段的问题通过整个网络传播。

④ 防火墙是一个安全策略的检查站。所有进出的信息都必须通过防火墙，防火墙便成为安全问题的检查点，使可疑的访问被拒绝于门外。

4. 防火墙的基本准则

① 一切未被允许的就是禁止的。基于此准则，防火墙应封锁所有的信息流，然后对希望提供的服务逐项开放。

② 一切未被禁止的就是允许的。基于此准则，防火墙应转发所有的信息流，然后逐项屏蔽可能有害的服务。

5. 防火墙的发展史

（1）第一代防火墙

第一代防火墙技术几乎与路由器同时出现，采用了包过滤技术。

（2）第二、三代防火墙

1989 年，贝尔实验室推出了第二代防火墙，即电路层防火墙，同时提出了第三代防火墙——应用层防火墙（代理防火墙）的初步结构。

（3）第四代防火墙

1992 年，USC 信息科学院的 BobBraden 开发出了基于动态包过滤技术的第四代防火墙，后来演变为目前所说的状态监视技术。1994 年，以色列的 CheckPoint 公司开发出了第一个采用这种技术的商业化的产品。

（4）第五代防火墙

1998 年，NAI 公司推出了一种自适应代理技术，并在其产品 Gauntlet Firewall for NT 中得以实现，给代理类型的防火墙赋予了全新的意义，可以称之为第五代防火墙。

（5）一体化安全网关（UTM）

UTM，即统一威胁管理，是在防火墙基础上发展起来的，具备防火墙、IPS、防病毒、防垃圾邮件等综合功能的设备。其主要目的是为了解决传统防火墙无法防御病毒、木马等应用层攻击，以及分布式部署多种安全设备投入成本太高的问题，由于同时开启多项功能会大大降低 UTM 的处理性能，因此主要用于对性能要求不高的中低端领域。在中低端领域，UTM 已经出现了代替防火墙的趋势，因为在不开启附加功能的情况下，UTM 本身就是一个防火墙，而附加功能又为用户的应用提供了更多选择。在高端应用领域，如电信、金融等行业，仍然以专用的高性能防火墙、IPS 为主流。

（6）下一代防火墙

下一代防火墙，即 next generation firewall，简称 NW，是一款可以全面应对应用层威胁的高性能防火墙。通过深入洞察网络流量中的用户、应用和内容，并借助全新的高性能单路径异构并行处理引擎，NW 能够为用户提供有效的应用层一体化安全防护，帮助用户安全地开展业务并简化用户的网络安全架构。

下一代防火墙与一体化安全网关最大的不同在于处理机制上。一体化安全网关是在防火墙平台上发展起来的，这种架构注定入侵防御、病毒防护等各个功能是简单叠加的，数据包需要逐个通过各个检测引擎，每通过一个引擎性能将下降一大截，全部开启后，性能仅剩余 10% 左右，很多时候无法满足实际需求。下一代防火墙最大的不同，是将所有威胁检测功能融合在了一个引擎里，数据包只需要通过一个引擎，就可以完成所有威胁的检测，这样的改变带来了几点价值：①提升了检测效率，性能增强，所有功能全开启的情况下性能同样能够支撑大流量；②各功能模块间的融合意味着相互之间可以联动，这意味着下一代防火墙不再像安全网关那样割裂地看待某一个攻击，而是可以关联地看到整个攻击过程的全貌。另外，在安全防御理念上，下一代防火墙倡导主动防御的概念，对应未知威胁的能力有较大的提升。

任务 3
硬件防火墙路由模式的安装与配置

任务描述

为保证内部网络安全，将育才中学原出口设备路由器更换为防火墙后。要求在保证内部网络及服务安全的前提下，对防火墙进行设置，使得学校内网所有主机都能够访问因特网。

任务分析

针对上述需求，需要防火墙运行在"路由模式"下。在路由模式下可以利用防火墙的 NAT 将内网私有地址映射为外网公有地址，同时，可以实现内网所有主机对因特网的访问。

此任务需要掌握防火墙路由模式下 NAT 的配置，并且防火墙上设置一些包过滤规则，严格控制非法数据流的通过，只允许合法的数据通过。同时验证路由模式下配置的有效性。理解防火墙路由模式的原理及应用环境。

方法与步骤

1. 设备的选择与连接

本任务所需设备包括锐捷 RG-WALL60 防火墙 1 台，锐捷 S3760 三层交换机 1 台，计算机 2 台（PC1、PC2），直通网线 2 根，交叉线 1 根。

任务拓扑如图 7-26 所示。

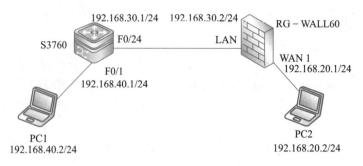

图 7-26 任务拓扑图

2. 方案的规划与验证

将三层交换机的 F0/24 口通过双绞线连接至防火墙 RG-WALL60 的 LAN 口，将 PC1 通过双绞线连接至三层交换机的 F0/1 口，模拟内网计算机。将 PC2 通过双绞线连接至防火墙 RG-WALL60 的 WAN1 口，模拟外网计算机。按照图 7-26 所示的任务拓扑图，完成 PC 端 IP 地址配置。本任务使用通过数字证书方式登录防火墙的 Web 管理界面，完成防火墙配置，验证 PC1 与 PC2 的连通性。

3. 配置三层交换机

RG-S3760-3-1（config）#hostname S3760　　　　　　　　　　　　// 交换机命名
S3760（config）#interface fastethernet 0/1
S3760（config-if）#no switchport　// 设置接口为路由口，三层交换机端口默认是交换模式
S3760（config-if）#ip address 192.168.40.1 255.255.255.0
S3760（config-if）#no shutdown
S3760（config-if）#exit
S3760（config）#interface fastethernet 0/24
S3760（config-if）#no switchport
S3760（config-if）#ip address 192.168.30.1 255.255.255.0
S3760（config-if）#no shutdown
S3760（config-if）#exit
S3760（config）#ip route 0.0.0.0 0.0.0.0 192.168.30.2　　　　　// 添加静态路由
S3760（config）#end

4. 配置防火墙

（1）设置 LAN 口 IP 地址

通过防火墙管理口 WAN 口登录防火墙后，在图 7-27 中将 LAN 口 IP 地址设置为 192.168.30.2，子网掩码为 255.255.255.0。

（2）设置 WAN1 口 IP 地址

将 WAN1 口 IP 地址设置为 192.168.20.1，子网掩码为 255.255.255.0，如图 7-28 所示。

端口 IP 地址配置完成后，如图 7-29 所示。

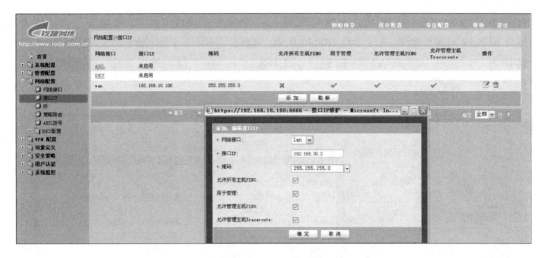

图 7-27　LAN 接口设置

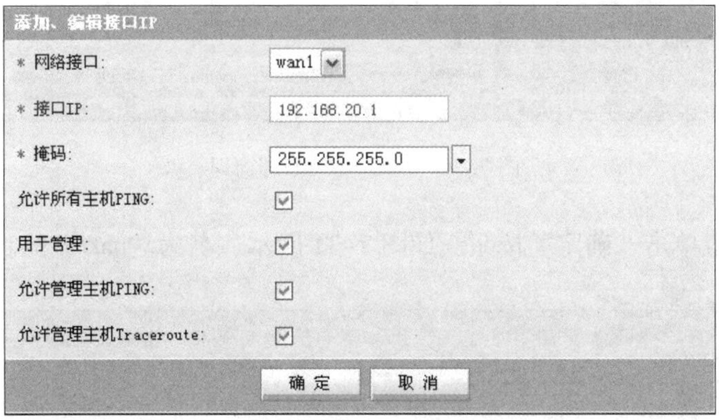

添加、编辑接口IP

＊ 网络接口：	wan1
＊ 接口IP：	192.168.20.1
＊ 掩码：	255.255.255.0
允许所有主机PING：	☑
用于管理：	☑
允许管理主机PING：	☑
允许管理主机Traceroute：	☑

确　定　　取　消

图 7-28　WAN1 接口设置

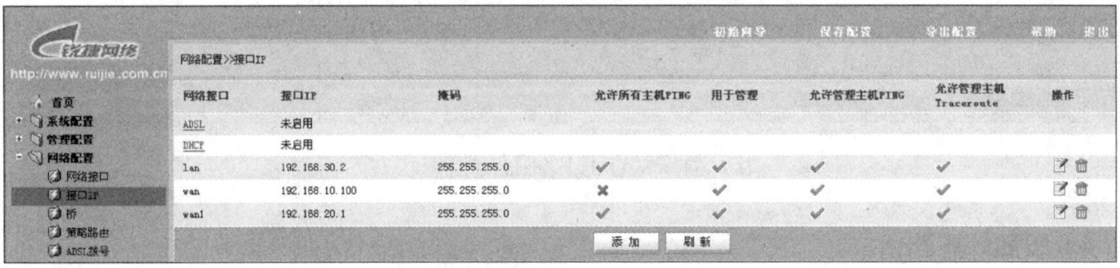

图 7-29　接口配置完成后状态

（3）配置 NAT 规则

配置映射地址，如图 7-30 所示。在"规则名"中输入"nat1"。在"源地址"→"IP 地址"对话框中填入内网地址所在网段 192.168.40.0，在"掩码"中填入子网掩码 255.255.255.0。在"源地址转换为"对话框中填入 WAN1 口地址 192.168.20.1。在"目的地址"中，选择"any"，"服务"选项选择"any"。

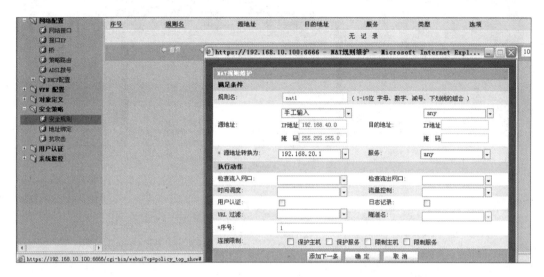

图 7-30　NAT 规则添加窗口

完成设置之后，单击"确定"按钮。如图 7-31 所示，名为"nat1"的映射规则已经生效。

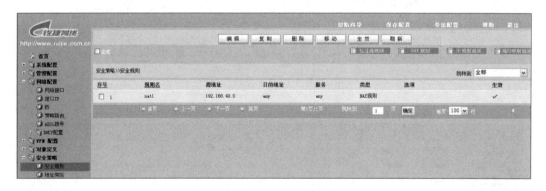

图 7-31　NAT 规则添加完成后状态

（4）添加静态路由

为了保证防火墙能够与三层交换机进行正常通信，前面我们在三层交换机上设置了指向防火墙的静态路由信息。在防火墙上同样要设置指向 S3760 的 F0/24 接口的静态路由信息。

在"网络配置"→"策略路由"中，单击"添加"按钮。在"添加、编辑策略路由"对话框中输入目的路由地址 192.168.40.0，子网掩码输入 255.255.255.0。在"下一跳地址"中，输入三层交换 3760 的 F0/24 接口地址 192.168.30.1，单击"确定"按钮完成，如图 7-32 所示。

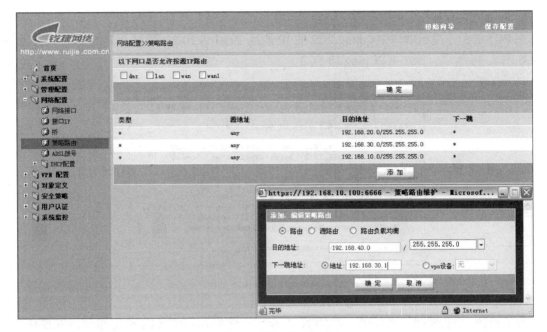

图 7-32 添加策略路由

最终结果如图 7-33 所示。

5. 配置 PC1 和 PC2

根据任务拓扑图中的要求，将 PC1 和 PC2 的 IP 地址及网关进行相应的配置，由图 7-34 和图 7-35 我们可以看到，PC1 和 PC2 的 IP 地址及网关我们都已经配置完成了。

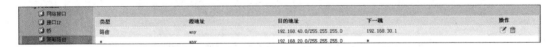

图 7-33 配置完成状态

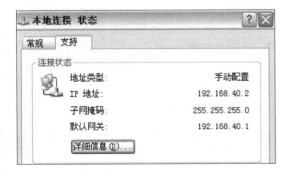

图 7-34 PC1 网络配置

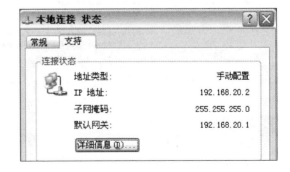

图 7-35 PC2 网络配置

6. 配置结果验证

在 PC1 的命令提示窗口中，ping PC2 的 IP 地址 192.168.20.2，测试 PC1 与 PC2 的连通性。结果如图 7-36 所示，PC1 可以 ping 通 PC2。

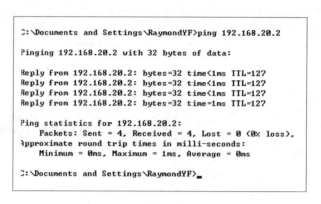

图 7-36 PC1 ping PC2 结果

为了验证 NAT 规则是否生效，禁用 NAT 规则。然后执行刚才的 ping 测试，发现这时候 PC1 无法 ping 通 PC2，故证明 NAT 规则已经生效了，具体见图 7-37 和图 7-38 所示。

图 7-37 禁用 NAT

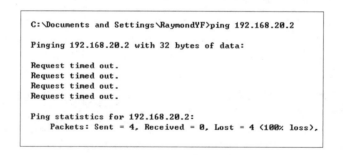

图 7-38 PC1 ping PC2 失败

 相关知识

1. 防火墙的工作模式

（1）网桥模式

网桥模式又名透明模式，顾名思义，首要的特点就是对用户是透明的，即用户意识不到防

火墙的存在。要实现透明模式，防火墙必须在没有 IP 地址的情况下工作，不需要对其设置 IP 地址，用户也不知道防火墙的 IP 地址。

透明模式的防火墙就好像是一台网桥（非透明的防火墙好像一台路由器），网络设备（包括主机、路由器、工作站等）和所有计算机的设置（包括 IP 地址和网关）都无须改变，同时解析所有通过它的数据包，既增加了网络的安全性，又降低了用户管理的复杂程度。

（2）路由模式

路由模式的防火墙就像一个路由器，对进入防火墙的数据包进行路由，而且可以基于规则对数据进行过滤。

2. 防火墙的工作模式选择

在网络中使用哪种工作模式的防火墙，取决于对网络的需求。如果服务器使用真实的 IP 地址，则对于防火墙来说，它的主要工作就是进行包过滤，将发往服务器的数据包进行检测，不符合规则的包会被丢弃，那么这种状态下，它就运行在网桥模式下。而如果服务器不想自己的真实 IP 地址被获取到，希望通过 NAT 将真实 IP 地址进行转换，那么在这种状态下，防火墙又运行在了路由模式之下，可见防火墙模式的切换是非常灵活的，需要根据环境进行相应的配置。

3. 防火墙连接区域

防火墙连接网络的不同区域，针对不同的区域实施相应的保护策略，连接区域可分为内部网络、外部网络和 DMZ 区域。

4. 防火墙技术

按实现的技术原理来划分，防火墙技术可以划分为 3 种类型：包过滤技术、应用代理技术和状态检测技术。

（1）包过滤技术

包过滤是最早使用的一种防火墙技术，它的第一代模型是"静态包过滤"（Static Packet Filtering），使用包过滤技术的防火墙通常工作在 OSI 模型中的网络层上，后来发展更新的"动态包过滤"（Dynamic Packet Filtering）增加了对传输层的过滤。

包过滤技术基于 TCP/IP 协议的数据报文进出的通道，对每个数据包的头部、协议、地址、端口、类型等信息进行分析，并与预先设定好的防火墙过滤规则（Filtering Rule）进行核对，一旦发现某个包的某个或多个部分与过滤规则匹配并且条件为"阻止"的时候，这个包就会被丢弃。

基于包过滤技术的防火墙，其缺点是很明显的：它得以进行正常工作的一切依据都在于过滤规则的实施，但是又不能满足建立精细规则的要求（规则数量和防火墙性能成反比），而且它只能工作于网络层和传输层，并不能判断高级协议里的数据是否有害。

（2）应用代理技术

由于包过滤技术无法提供完善的数据保护措施，而且一些特殊的报文攻击仅仅使用过滤的方法并不能消除危害（如 SYN 攻击、ICMP 洪水攻击等），因此人们需要一种更全面的防火墙保护技术，在这样的需求背景下，采用"应用代理"（Application Proxy）技术的防火墙诞生了。

"应用协议分析"技术工作在 OSI 模型的最高层——应用层上，在这一层里能接触到的所有数据都是最终形式，也就是说，防火墙"看到"的数据和我们看到的是一样的，而不是一个个带着地址端口协议等原始内容的数据包，因而它可以实现更高级的数据检测过程。数据收发实际上是经过了代理防火墙转向的，当外界数据进入代理防火墙的客户端时，"应用协议分析"模块便根据应用层协议处理这个数据，通过预置的处理规则查询这个数据是否带有危害。

应用代理防火墙不仅能根据数据层提供的信息判断数据，更能像管理员分析服务器日志那样"看"内容辨危害。防火墙还可以实现双向限制，在过滤外部网络有害数据的同时也监控着内部网络的信息，管理员可以配置防火墙实现一个身份验证和连接时限的功能，进一步防止内部网络信息泄漏的隐患。

最后，由于代理防火墙采取的是代理机制进行工作，内外部网络之间的通信都需要先经过代理服务器审核，通过后再由代理服务器连接，根本没有给分隔在内外部网络两边的计算机直接会话的机会，可以避免入侵者使用"数据驱动"攻击方式（一种能通过包过滤技术防火墙规则的数据报文，但是当它进入计算机处理后，却变成能够修改系统设置和用户数据的恶意代码）渗透内部网络，可以说，应用代理技术是比包过滤技术更完善的防火墙技术。

但是，代理型防火墙的结构特征偏偏正是它的最大缺点，由于它是基于代理技术的，通过防火墙的每个连接都必须建立在为之创建的代理程序进程上，而代理进程自身是要消耗一定时间的，更何况代理进程里还有一套复杂的协议分析机制在同时工作，于是数据在通过代理防火墙时就不可避免地发生数据迟滞现象。代理防火墙是以牺牲速度为代价换取了比包过滤防火墙更高的安全性能，在网络吞吐量不是很大的情况下，也许用户不会察觉到什么，然而到了数据交换频繁的时刻，代理防火墙就成了整个网络的瓶颈，而且一旦防火墙的硬件配置支撑不住高强度的数据流量而发生"罢工"，整个网络可能就会因此瘫痪。

（3）状态监视技术

这是继包过滤技术和应用代理技术后发展的防火墙技术，它是基于包过滤原理的"动态包过滤"技术发展而来的，与之类似的有"深度包检测"（Deep Packet Inspection）技术。这种防火墙技术通过一种被称为"状态监视"的模块，在不影响网络安全正常工作的前提下采用抽取相关数据的方法对网络通信的各个层次实行监测，并根据各种过滤规则作出安全决策。

"状态监视"（Stateful Inspection）技术在保留了对每个数据包的头部、协议、地址、端口、类型等信息进行分析的基础上，进一步发展了"会话过滤"（Session Filtering）功能，在每个连接建立时，防火墙会为这个连接构造一个会话状态，里面包含了这个连接数据包的所有信息，以后这个连接都基于这个状态信息进行。这种检测的高明之处是能对每个数据包的内容进行监视，一旦建立了一个会话状态，则此后的数据传输都要以此会话状态作为依据。例如，一个连接的数据包源端口是 8 000，那么在以后的数据传输过程中防火墙都会审核这个包的源端口还是不是 8 000，否则这个数据包就被拦截，而且会话状态的保留是有时间限制的，在超时的范围内如果没有再进行数据传输，这个会话状态就会被丢弃。状态监视可以对包内容进行分析，从而摆脱了传统防火墙仅局限于几个包头部信息的检测弱点，而且这种防火墙不必开放过多端口，进一步杜绝了可能因为开放端口过多而带来的安全隐患。

5. NAT 技术的优缺点

（1）优点

① 节省了公网 IP 地址。

② 能够处理编址方案重叠的情况。

③ 网络发生改变时不需要重新编址。

④ 隐藏了真正的 IP 地址。

（2）缺点

① NAT 引起数据交互的延迟。

② 导致无法进行端到端的 IP 跟踪。

③ 某些应用程序不支持 NAT。

④ 需要消耗额外的 CPU 和内存。

6. NAT 的局限性

① NAT 违反了 IP 地址结构模型的设计原则。IP 地址结构模型的基础是每个 IP 地址均标志着一个网络的连接。因特网的软件设计就建立在这个前提之上，而 NAT 使得有很多主机可能在使用相同的地址，如 10.0.0.1。

② NAT 使得 IP 协议从面向无连接变成面向连接。NAT 必须维护专用 IP 地址与公用 IP 地址以及端口号的映射关系。在 TCP/IP 协议体系中，如果一个路由器出现故障，不会影响到 TCP 协议的执行。因为只要几秒收不到应答，发送进程就会进入超时重传处理。而当存在 NAT 时，最初设计的 TCP/IP 协议过程将发生变化，因特网可能变得非常脆弱。

③ NAT 违反了基本的网络分层结构模型的设计原则。因为在传统的网络分层结构模型中，第 n 层是不能修改第 $n+1$ 层的报头内容的。NAT 破坏了这种各层独立的原则。

④ 有些应用是将 IP 地址插入到正文的内容中，例如，标准的 FTP 协议与 IP Phone 协议 H.323。如果 NAT 与这一类协议一起工作，那么 NAT 协议一定要进行适当的修正。同时，网络的传输层也可能使用 TCP 与 UDP 协议之外的其他协议，那么 NAT 协议必须知道并且相应修改。由于 NAT 的存在，使得 P2P 应用实现出现困难，因为 P2P 的文件共享与语音共享都是建立在 IP 协议的基础上的。

⑤ NAT 同时存在对高层协议和安全性的影响问题。RFC 对 NAT 存在的问题进行了讨论。NAT 的反对者认为这种临时性的缓解 IP 地址短缺的方案推迟了 IPv6 迁移的进程，而并没有解决深层次的问题，他们认为是不可取的。

思考与练习

一、选择题

1. 锐捷防火墙的 Web 管理方式采用的协议技术是（　　）。

　　A. HTTPS　　　　B. HTTP　　　　C. FTP　　　　D. TFTP

2. 锐捷防火墙在第一次登录时，应将 PC 的网络接口与防火墙的（　　）接口相连。

　　A. WAN 口　　　B. LAN 口　　　C. DMZ 口　　　D. 随便哪个口都可以

3. 以下防火墙的各个端口中经常被用来连接服务器集群的是（　　）。

　　A. LAN 端口　　　B. WAN 端口　　　C. DMZ 端口　　　D. 三个端口均可

4. 某公司维护它自己的公共 Web 服务器，并打算实现 NAT。应该为该 Web 服务器使用（　　）类型的 NAT。

　　A. 动态　　　　B. 静态　　　　C. PAT　　　　D. 不使用 NAT

二、简答题

1. 简述网络安全的主要技术。

2. 简述网络管理的主要功能。

3. 简述 SMNP 协议。

4. 简述防火墙的优点。

5. 防火墙有哪几种工作模式，各个模式的特点是什么？

6. 防火墙按照实现的技术原理可分为几种，简述这几种防火墙技术的特点。

7. NAT 有哪些局限性？

郑重声明

读者意见反馈

为收集对教材的意见建议，进一步完善教材编写并做好服务工作，读者可将对本教材的意见建议通过如下渠道反馈至我社。

咨询电话　400-810-0598
反馈邮箱　zz_dzyj@pub.hep.cn
通信地址　北京市朝阳区惠新东街4号富盛大厦1座
　　　　　高等教育出版社总编辑办公室
邮政编码　100029

防伪查询说明

用户购书后刮开封底防伪涂层，使用手机微信等软件扫描二维码，会跳转至防伪查询网页，获得所购图书详细信息。

防伪客服电话
（010）58582300

学习卡账号使用说明

一、注册/登录

访问http://abook.hep.com.cn/sve，点击"注册"，在注册页面输入用户名、密码及常用的邮箱进行注册。已注册的用户直接输入用户名和密码登录即可进入"我的课程"页面。

二、课程绑定

点击"我的课程"页面右上方"绑定课程"，在"明码"框中正确输入教材封底防伪标签上的20位数字，点击"确定"完成课程绑定。

三、访问课程

在"正在学习"列表中选择已绑定的课程，点击"进入课程"即可浏览或下载与本书配套的课程资源。刚绑定的课程请在"申请学习"列表中选择相应课程并点击"进入课程"。

如有账号问题，请发邮件至：4a_admin_zz@pub.hep.cn。